JN104804

真空管ディストーションからリバーブ/コーラスまで

Rock音!
アナログ系ギター・
エフェクタ製作集

富澤 瑞夫 著

CQ出版社

はじめに

本書は，トランジスタ技術(CQ出版社)という電子回路技術者が読む雑誌に2015年～2017年にかけて掲載されたものを文庫としてまとめたものです．「エフェクター」を「エフェクタ」と表記しているのもそのためです．記事掲載後のデバイスの変化や，SNSなどインターネット経由でいただいたご意見なども反映しました．

トランジスタ技術誌に掲載当初から，編集担当と相談して，歴史的にエフェクタの生まれた背景や目指したものなど，読み物としても読んでいただけるようにしたことが文庫になった理由かもしれません．そしてこのとき，出版社の編集者さんにも役員さんにも楽器を演奏される方が多いことも知り心強く思いました．

オリジナルのものを作りたいなら，コピーだけでは無理でしょう．全く新しいものは簡単にはできませんが，ヒントやアイデアからアレンジする方法があります．そのために製作できる力が養成できれば自分なりのものができます．電子回路や電子工作を学ぶこと，何が分からなくて何が必要か，そこまでいけば実現する方法はあると思います．製作なら市販キットからも学べます．

そのようなわけで生まれた本書ですから，1回の週末工作でエフェクタが完成したり，見本通りにすぐに作れたりする工作本でもありません．筆者のやってきた実験研究をまとめたものです．

大切なのは自分なりに気づくことですが，ヒントは先人がいろいろを残してくれています．思った音に近づけるためには回路と出る音の感覚を身に付けることでしょう．これは楽しい世界です．

ここから何が学べるかは，読者の皆さん次第です．

富澤　瑞夫

「Rock音! アナログ系ギター・エフェクタ製作集」
目　次

はじめに　2

第1章
ソフトからハードまで，熱い音のバラエティ
ひずみ系エフェクタ
7

1-1　これがないと始まらない
Rock音! ディストーション　7

● コラム　手作り楽器エフェクタのテストには
素直な特性のアンプがGOOD　26

1-2　ワイルドなロック・サウンド全開
ビリビリ! バリバリ!
過激ディストーション「ファズ」　27

● コラム　ファズの名器　32
● コラム　時代とともに変化してきた
ひずみ系エフェクタ用のデバイス　35
● コラム　ひずみ系エフェクタの肝「プリアンプ」のいろいろ　50
● コラム　測定と音色　53

1-3　ナチュラルで穏やかなひずみ系サウンド
OPアンプ式と真空管式の2タイプ
ソフト・ディストーション「オーバードライブ」　54

第2章
ゆらぎが創る厚い効果たち
広がり系エフェクタ　　　　　　　　　　　　　71

2-1　アナログ・ディレイIC BBDで遅延時間を長くしたり，
　　短くしたり…
　　音の大海原！ ステレオ・コーラス　71

● コラム　オルガン用の超ウネウネ・トレモロ効果システム
　　　　　ハモンド・レスリー・スピーカ　85

Appendix　コーラスの回路を少し変更して
　　　　　　フランジャに作り替える実験　　　　　　　　　91

2-2　位相だけが変わるオール・パス・フィルタで
　　スペクトラムをゆらゆら
　　ファンキー・グルーブON！「フェイザ」　95

2-3　3段パラレル・ディレイでピッチ変換＆多重化！
　　1人が100人！
　　増殖系ハイパー・コーラス「アンサンブル」　108

第3章
音質調整～音の作り込みまで変幻自在
イコライザ系エフェクタ　　　　　　　　　　　120

3-1　西海岸のさわやかロックからムーディなジャズまで
　　5バンド・グラフィック・イコライザ　120

● コラム　楽器以外にも！ グラフィック・イコライザの用途　127

3-2 周波数特性シェイピング自由自在！
3バンド・パラメトリック・イコライザ 133

● コラム　エフェクトON時の耳障りな高域ノイズを減らしてくれる機能
　　　　　「エンファシス」と「ディエンファシス」 142
● コラム　何が違う？パラメトリック・イコライザと
　　　　　トーン・コントロール 147

第4章
響きを与えて存在感が際立つ効果
空間系エフェクタ 150

4-1 ディレイICで反射音を連続生成！
オウム返しか？ ステレオ・エコー 150

● コラム　あれにもこれにも！
　　　　　空間系エフェクタのヒーロー「ディレイ」 160

4-2 006P(9V)乾電池で手軽に動作
ギター用ディレイ＆リバーブ 165

● コラム　「ひびき」をとらえたリバーブ効果の秘密 188

第5章
音の伸びやアクセント変化で光るサウンド
音量変化系エフェクタ 190

5-1 上手くなったと思わせる！
クリーン・サスティナ「コンプレッサ」 190

● コラム　コンプレッサが必要となったもうひとつの理由？ 191
● コラム　信号レベルを変えるエフェクタのいろいろ 197
● コラム　レコーディング用とギター用の違い 206

● コラム　コンプレッサの使い方と作り込み　208

5-2 Cdsフォトカプラや可変コンダクタンス・アンプを利用！
スタジオ用やボーカル用にも使える
「スペシャル・コンプレッサ」 209

● コラム　可変ゲイン回路を作るデバイスとひずみ率　220
● コラム　エフェクタの用途と設定や表示　225

5-3 音が飛んだり，機関銃で撃たれたり！
音量激変エフェクタ「トレモロ＆オート・パン」 226

● コラム　コーラス回路で作るトレモロ　228

第6章
ニュアンスを直接加える魅力的なアイテム
ヒューマン加工系エフェクタ　　　　　　　　　　　　239

6-1 弾きの強弱やペダルの踏み込みで通過帯域を広げたり狭めたり
キャンキャン！ モコモコ！
カットオフ周波数可変フィルタ「ワウ」 239

6-2 8バンドBPFで分解した音声成分で
8バンド・アンプのゲインをリアルタイム制御！
楽器×音声！ ロボット・トーキング・エフェクタ
「ボコーダ」 255

● コラム　エフェクタの音は時間をかけてじっくり作り込む　258

Appendix　使用部品と入手についてのヒントとアドバイス　　265

1-1 これがないと始まらない

Rock音*！* ディストーション

　最初は，誰もが音を聞いたことがあるひずみ系のエフェクタを作ります(**写真1**)．

　エレキ・ギターそのままの音は，アコースティック・ギターに

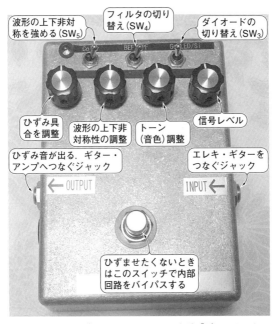

波形の上下非対称を強める（SW5）

フィルタの切り替え（SW4）

ダイオードの切り替え（SW3）

ひずみ具合を調整

波形の上下非対称性の調整

トーン（音色）調整

信号レベル

ひずみ音が出る．ギター・アンプへつなぐジャック

エレキ・ギターをつなぐジャック

ひずませたくないときはこのスイッチで内部回路をバイパスする

写真1　波形をひずませるエフェクタの定番「ディストーション」を作ってみる

初出：トランジスタ技術2017年4月号

近い澄んだ音です．ひずませることで，今のロック・ミュージックに欠かせない音になります．

　ひずみ系のエフェクタは，軽いひずみから激しいひずみまでいろいろです．まずは中庸な音が出る回路と，一緒に使う音色調整回路を紹介します．

■ ロック・ギタリスト御用達

● 3大ひずみ系エフェクタの代表格

　ひずみ系エフェクトは，**表1**のように「ディストーション」，「オーバードライブ」，「ファズ」の3つに分類されます．

　メーカが製品にネーミングをした理由はいくつかあると思いますが，私は，出音による大まかな分類だと考えています．というのも，時期により，これらの名称や分類に対する捉え方が変わっているからです．

　ひずみ系エフェクタは，ギター・アンプの過大入力によって生じていたひずみ音を，電気的に効果を発生させる装置として1960年代に独立したことから始まっています．

　ひずみ系エフェクタの中でも最初に生まれたのが強烈なキャラクタを持つ「ファズ」で，ハード・ディストーションと呼ぶべき特性です．

　それに対して，真空管アンプのようなひずみを再現したソフ

表1
ひずみ系エフェクタは大きく3つに分類される．今回のディストーションは中庸な音が出るものを指す
ファズとオーバードライブは波形や回路構成が異なる

効果の名前	波形のイメージ
ファズ（ハード・ディストーション）	
ディストーション	
オーバードライブ（ソフト・ディストーション）	

ト・ディストーションが「オーバードライブ」です.

　その2つの中間にあるのが「ディストーション」で，迫力があるひずみサウンドです．オーバードライブに比べるとひずみ感が強く，コンプレッサ(振幅を比較的一定に保つエフェクト)に通じる音の伸びもあります．

● OPアンプ回路とともに進歩してきた

　3つのひずみエフェクタの中ではサウンド的に真ん中あたり，出せる音色の幅も広く，使いやすいのがディストーションです．

　ディストーションという名前のエフェクタが出てきたのは1970年代で，気持ちの良いひずみ音と伸びのある幅広いサウンドを出せました．

　音響機器でOPアンプの利用が一般的になったのも，同じく1970年代半以降です．そのため，OPアンプを利用したひずみ系エフェクタが進化し，ディストーションという1ジャンルとなりました．このエフェクタのストレートな音は音楽的に支持され，定番になりました．

　真空管からトランジスタへ，そしてOPアンプへと変わる電子回路の発展の中で，ずっと素子に応じて改良され続けていたのがひずみ系のエフェクタです．

■ ディストーションの動作原理

● ダイオードをひずみ素子に使う

　ひずみ系の回路は，アンプのゲインを大きく取って信号をひずませるタイプと，ひずみ素子を利用するタイプのどちらかです．ディストーションの回路は後者です．

　ディストーションの定番回路は図1の構成です．信号をOPアンプで増幅したあと，ダイオードでクリップさせます．ひずみ素子はダイオードを使います．OPアンプで構成したプリアンプの

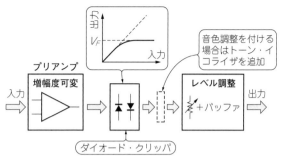

図1 ディストーションはダイオード・クリップ回路を使って波形をひずませる
ダイオードによってクリップの仕方が異なる

ゲインを調整して，ひずみ度合いを決めます．

プリアンプのゲインを大きく取れば，ダイオードでクリップさせなくてもプリアンプだけで強くひずみます．しかし，そのひずみ音は音程感が少ないノイズ的な音になります．ひずみに至る途中の段階もほとんどなく，音楽的に使いやすくありません．

ひずみ素子にダイオードを使うと，ひずみ始めてから，強くひずみむまでに幅があり，演奏上都合が良いのです．使用するダイオードの種類により飽和電圧や飽和特性が違うので，サウンドも異なってきます（**図2**）．

● **実際の回路**

図3にひずみを発生させる実際の回路を示します．十分なひずみを得るには，大きな信号レベルが必要です．OPアンプIC$_{1a}$によるプリアンプはゲインが可変できます．AC結合の非反転アンプで，帰還抵抗を変えてゲインを調整できるようにします．

電源は，電池が使いやすいように片電源です．

ゲインを可変にするのは，使用するギターのタイプや演奏法で入力される信号の大きさが変わる，ひずみ素子の種類で飽和電圧

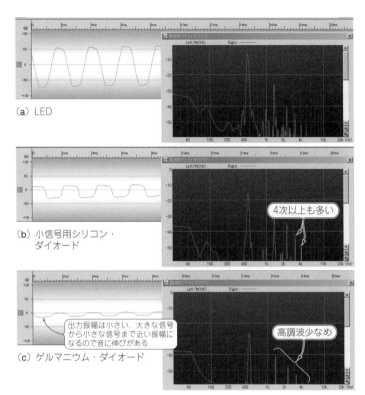

図2 ダイオードの違いによるクリップ波形の違い
飽和電圧の違いから出力レベルが異なるほか，高調波成分が異なる

（a）LED

（b）小信号用シリコン・ダイオード

4次以上も多い

（c）ゲルマニウム・ダイオード

出力振幅は小さい．大きな信号から小さな信号まで近い振幅になるので音に伸びがある

高調波少なめ

が異なるなどのが理由があるからです．

　ギターの出力インピーダンスは，高抵抗なうえに周波数によって変わります．入力インピーダンスを高く，ゲインも取れるように，非反転アンプで設計します．

　回路がシンプルなので，ダイオードの種類を変えるなど，比較的簡単な工夫で音を変えられます．ひずみ素子をプラグイン式にして切り替えれば，比較試聴がしやすく，効率的に好みの音を探せます．

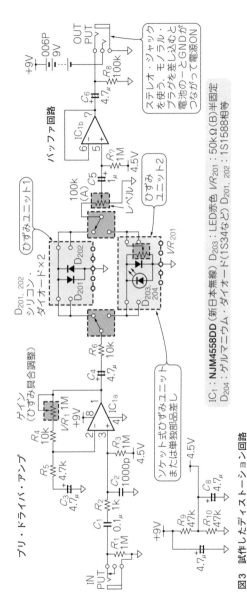

図3 試作したディストーション回路
外観は写真3に示す．演奏に使うエフェクタにするには切り替え回路（バイパス）が欲しい

IC₁：NJM4558DD（新日本無線）　D₂₀₃：LED赤色　VR₂₀₁：50kΩ(B)半固定
D₂₀₄：ゲルマニウム・ダイオード（1S34など）　D₂₀₁, ₂₀₂：1S1588相等

12

● 上下非対称にしたりいろいろ工夫する

　ひずみユニットに使うダイオードを上下非対称にすると好ましい音が得られます．その方法を図4で示すと

(a)片側のダイオードに抵抗を入れる

(b)片側2個のダイオードを使う

(c)2個で種類の違うダイオードを使う

などがあります．ひずみ系エフェクタの出発点となったギター・

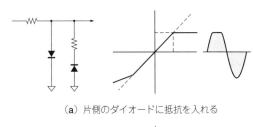

（a）片側のダイオードに抵抗を入れる

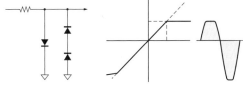

実際は時間とともに（弾き方で）変化
する波形なので，複雑に変化する

（b）片側はダイオードの数を変える

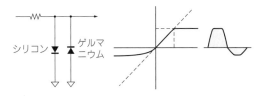

（c）片側のダイオードの種類を変える

図4　上下非対称の波形にしたほうが音色は好ましい
図3の「ひずみユニット2」では(a)と(c)を組み合わせている

13

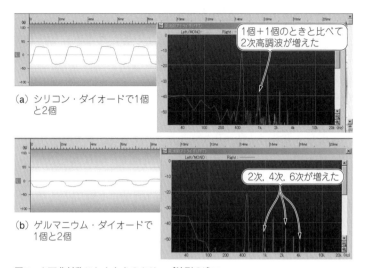

図5 **上下非対称にしたときのクリップ波形の違い**
異種ダイオードの組み合わせのほうがより2次高調波が増えて好ましい音が出やすい

アンプのクリップ波形がもともと上下対称ではないので，それを模しているとも言えます．

上下非対称にしたときの波形を**図5**に示します．試聴してみると，(a)，(b)のように数を変えて上下の飽和電圧を変えるよりは，(c)，(d)のようにダイオードの種類を変えて，飽和電圧前後の特性の違いを得ることが重要なようです．

■ セレクタ(バイパス)などの周辺回路を加えると 実用に近付く

● 演奏しながらの頻繁なON/OFFに対応する

ケースに組み込んで実用的なエフェクタにするとなると，追加の周辺回路が必要です．

ひずみ系エフェクタは，ずっと効かせっ放しで使うことは少なく，演奏中にON/OFFを切り替えます．コンパクト・エフェクタ

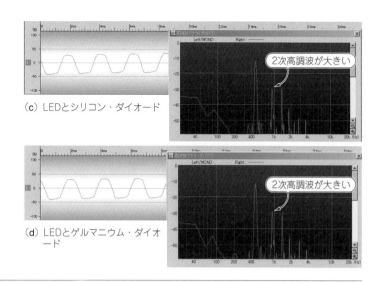

（c）LEDとシリコン・ダイオード

（d）LEDとゲルマニウム・ダイオード

の場合，エフェクタを足元に置き，ケース上面に取り付けたフット・スイッチを使って足でON/OFFする方法が一般的です．

● エフェクトONとOFFの切り替え回路

　コンパクト・エフェクタは直列につないで使うので，エフェクトOFFとは入力をそのまま出力するスルー状態のことです．代表的な切り替え方法を図6に示します．

　普通のスイッチを使う場合は，(a)出力を切り替える，(b)入出力の両方を切り替える，という2つの方法があり，(a)のほうがスイッチの回路数が少なくなります．

　しかし，(a)の方式のときはエフェクトOFF時でもエフェクト回路が入力に接続されています．図7(a)に示すようにエフェクタが多段に接続されると，ギターには何個もエフェクト回路がつながります．合成されたインピーダンスはエレキ・ギターにとって

15

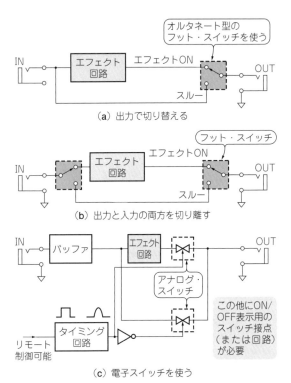

（a）出力で切り替える

（b）出力と入力の両方を切り離す

（c）電子スイッチを使う

図6　実用エフェクタには効果ON/OFFの切り替えが必要
効果OFFとは，入力信号を出力にそのままスルーする状態のこと

重い負荷となり，音質や信号レベルが変わってしまいます．

　その点，**図6(b)**のように入出力の両方を切り替えるスイッチを使えば，エフェクタを多段につないでも**図7(b)**のように入力が完全に切り離されるので心配ありません．

　普通のスイッチを使うと，切り替え時のノイズが避けられません．**図6(c)**の電子スイッチを使う方法を選び，アナログ的にじわりと切り替わる特性を持つスイッチ回路を使うと，切り替えノイズは小さくなります．その代わり，OFF時でも電子回路が入りま

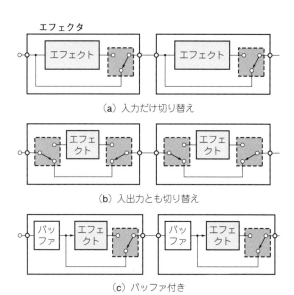

（a）入力だけ切り替え

（b）入出力とも切り替え

（c）バッファ付き

図7 複数のエフェクタを直列に接続したときの切り替え方法による違い

特に（a）はトータルの入力インピーダンスが低くなり，ギター信号のレベルや周波数特性が変わってしまうかも

す．残留ノイズや音色を気にする人もいますが，バッファが入るので，信号を引き回してもノイズが出にくいメリットもあります．

図8は，機械スイッチのON/OFFで入出力ともに切り離す**図6**（b）の方法を実用にした回路です．

LED表示のため3回路のスイッチが必要ですが，ON/OFFノイズを除けば音色への影響を排除できるシンプルな方法です．この回路で，**図3**のディストーション回路をコンパクト・エフェクタにできます．

図8に示したスイッチ回路は，セレクタとして独立して使えます．試作のうちは，エフェクタ回路には切り替え回路を設けず，独立したセレクタと組み合わせると便利です．エフェクタ回路の基板ができたら，ケースに入れるときにスイッチ回路の基板と一

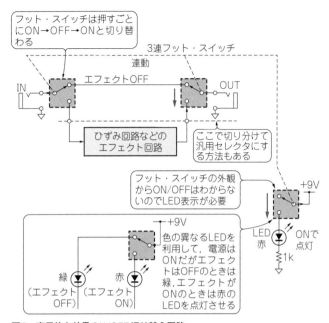

図8　実用的な効果ON/OFF切り替え回路
電源ONとエフェクトON/OFFが表示できるように色が異なる2つのLEDを使う

緒に組み込んで，完成させればよいのです．

● 切り替え回路用のフット・スイッチ

　セレクタで重要な働きをするのがフット・スイッチです．プッシュ・スイッチ，押しボタン・スイッチの一種です．プッシュ・スイッチには，オルタネートとモーメンタリの2つのタイプがあります．

　フット・スイッチで直接信号を切り替えるには，オルタネート・タイプ（ロック式）が必要です．日本電産コパル電子フジソクの8Y3011が，代表的な3回路フット・スイッチです．2回路のスイッチを使って回路をバイパスし，もう1回路で切り替え状態を

表示します.

　電子スイッチ方式を使うなら，スイッチ回路にトリガのエッジによるラッチ機能を持たせれば良いので，押している間だけONになるモーメンタリ・タイプが使えます.

■ ケースへ組み込んで仕上げる

● 交換する可能性が高い部品は空中配線やソケットにしておく

　実際に製作したディストーション・エフェクタの回路を**図9**に示します. この回路は，スイッチやつまみでかなり幅広い範囲の音色を作れます. 好みの音色を求めるときの調整ポイントやひずみ素子の選択例を**表2**に示します.

　写真2に，万能基板で組み立てた例を示します. 音色を変えるために部品を交換したいなら，ICソケットを使って部品を差し替えしやすくします.

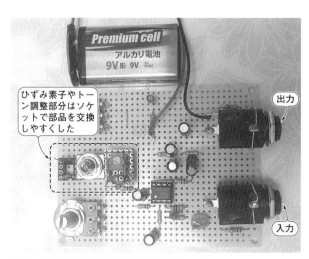

写真2　図3の回路を万能基板で実装したところ
部品を交換して試したい部分はICソケットを利用する

19

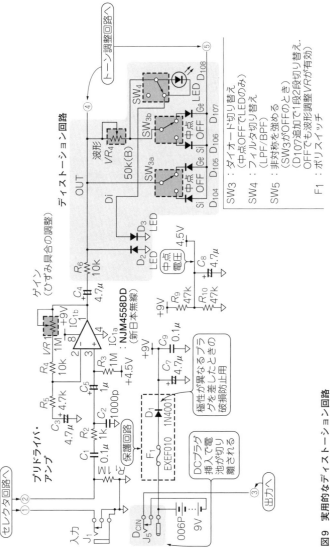

図9　実用的なディストーション回路
ひずみや音色の選択や調整が幅広い範囲で可能

SW3 : ダイオード切り替え
　　　（中点OFFで「LEDのみ）
SW4 : フィルタ切り替え
　　　（LPF/BPF）
SW5 : 非対称を強める
　　　（SW3がOFFのとき）
　　　（D107追加で1段2段切り替え.
　　　OFFでも波形調整VRが有効）
F1 : プリスイッチ

20

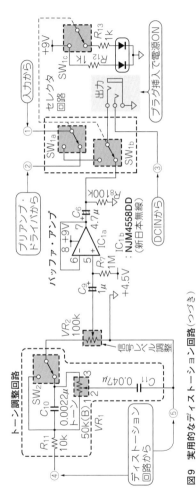

図9 実用的なディストーション回路（つづき）
ひずみや音色の選択や調整が幅広い範囲で可能

表2 音色チューニングの方法

OPアンプの交換でも音色変化がある．ゲインを大きく取っているのでアナログ動作のひず み成分が多い上に，クリップしたときのひずみも音の一部になるので，オーディオ・アンプの ときより変化は大きい．特にハイゲインにするほど，OPアンプの裸特性の影響が出てくる

実験内容	部品	定数の変更	備　考
前段ゲインを大き くしてディストー ションをかかりや すくする	R_5	2.2kΩ または 1kΩ などにする	ギター・ピックアップ感度や演奏方法の違 いに対応する．ゲインが大きくなるだけで なく，帰還量が小さくなるので，OPアン プ本来の持つクセがより出てきて音色も変 わる．ゲインが増えるので，ディストーシ ョンがかかりやすくなる．
ノイズ除去兼音質 の調整	C_2	1000pF を 470pF または 2200pF に する	本来はシールド・ケーブルなどでノイズが 乗ることへの対策．ギター（ピックアップ） によって適切な値が異なり，音色が変わる． 値を大きくするとノイズが目立たなくなる が，音の粒立ちは鈍く，マイルドな音にな る．使用ギターやシールドなどの条件によ っては値の変化が少ない場合もある．
ギター音のクセを 抑える	R_3	1MΩ を 470kΩ や 220kΩ にする	R_3の抵抗値が下がると音の快活度，エネル ギー感が下がるが，クセやあばれは小さく なる．ピックアップの共振特性によって， 影響の大きさは変わる．
ダイオード・クリ ップ回路の音質調 整	R_6	10kΩ を 3.3kΩ ま たは 22kΩ にする	ダイオードが飽和したあとの動作を決める 抵抗．抵抗値を大きくすると，飽和したあ とも音量の増加感が少しあり，小さくする とクリップ感が強くなる．この変更の影響 は，演奏方法でも異なる．
フィルタ定数によ る音色変化	C_{101} C_{102}	0.001～0.01μ 0.01～0.1μ	LPF，BEPで両方の値が影響し合う回路な ので，適度な可変範囲を得るには微妙なバ ランスがある．

（a）部品定数の変更

種　類	具体的な型名
汎用小信号高速スイッ チング・ダイオード	1N4148（100V，200mA）など． 1S1588はこの分類に含まれる．
汎用整流用ダイオード	1N4007（1000V，1A），1N5399（1000V，1.5A）， 1N5408（1000V，3A）
ショットキー・バリ ア・ダイオード	1N5819（40V，1A），1N5822（40V，3A）など
ファスト・リカバリ・ ダイオード	FR107（1000V，1A），FR207（1000V，2A）
定電圧ダイオード（ツ ェナー・ダイオード）	逆方向降伏電圧（ツェナー電圧）の低いものが使いやすく，1本で 非対称特性，2本直列接続で対称形の特性が得られる．
LED（各色）	色により飽和電圧が違う（赤，緑，青の順番で高くなる）． 同じ色でも品種により飽和特性が異なる．

LEDは，ゲルマニウム・ダイオードやシリコン・ダイオードに比べると飽和電圧が高いだけ でなく，その前からの傾斜部分が違うので，ひずみの現れ方が違う．その部分がLEDの品種 によって異なるので，音に差が出る．

（b）ひずみ素子のダイオード選択候補

● ケースは頑丈なダイキャスト製が必要

フット・スイッチは足で踏んで使うので，強度のあるアルミ・ダイキャスト製のケースを選びます．

実装では，ケースの端子配置が重要です．信号の流れは，エフェクタの世界では回路図で慣れた左から右への信号と逆に，右を入力，左を出力とするのが通例です（**図10**）．エフェクタは複数個を直列に接続にすることも多いので，他のエフェクタと接続しやすいように，この通例に従います．

● 外部電源の自動切り替え

図11に，内部電池動作から外部ACアダプタ動作への自動切り替えできる接続方法を示します．

コンパクト・エフェクタは乾電池動作が基本ですが，電池切れの心配なしに使えるように外部電源端子（DCジャック）もあると

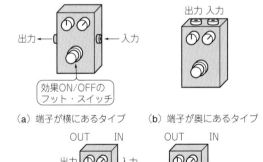

出力← ←入力

効果ON/OFFの
フット・スイッチ

（a）端子が横にあるタイプ

出力 入力

（b）端子が奥にあるタイプ

OUT　IN　　　OUT　IN

出力　　　入力

エフェクタ2　　　エフェクタ1

（c）シリーズ接続にするときは方向が合っていると使いやすい

図10　コンパクト・エフェクタの信号は右から左へ流すのが一般的
回路図では左から右に描くことが多いのと逆

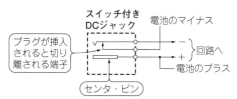

図11 切り替え接点付きのDCジャックを使うと電源の自動切り替えが可能
センタ・プラスのDCジャックを使った場合，マイナス極側での切り替えになる

便利です．

DCジャックは，利用予定のACアダプタに形状と極性を合わせます．私は，秋葉原などで販売が多いACアダプタに合わせて内径φ2.1mm，外形φ5.5mmのジャックを使っています．プラグが差されると切り替わるスイッチ機能端子付きが便利です．

ACアダプタの極性はメーカによって違っていて，統一されていません．メーカ製エフェクタ用のACアダプタはセンタ・マイナスが多いようですが，電子部品屋で購入できるACアダプタはセンタ・プラスが多いようです．私はセンタ・プラスに統一しています．

この極性の間違いによる破損防止対策として，電源に保護ダイオードを入れます．過電流保護にはポリスイッチを使用します．

● 電源兼用の入出力ジャック

ギター用エフェクタの入出力は，φ6.3mmのフォン・ジャックが標準的です．

ステレオ・タイプのジャックのリング側にACアダプタまたは006Pのマイナスを配線しておくと，モノラル・タイプのプラグを挿入したとき，リングとスリーブの両方がグラウンドに接続して電源が入ります（**図12**）．電源スイッチを設けずに誤操作を防止できるこの方法がコンパクト・エフェクタでは一般的です．

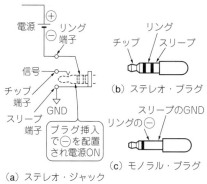

電源　⊕　リング端子　⊖

リング

チップ　スリーブ

（b）ステレオ・プラグ

信号

チップ端子

GND

スリーブ端子

プラグ挿入で⊖を配置され電源ON

スリーブのGND

リングの⊖

（c）モノラル・プラグ

（a）ステレオ・ジャック
をこのように配置

**図12　コンパクト・エフェクタでは電源スイッチ
を兼ねたジャックが多い**
メーカ製では入力端子側に使われる．ギターをつなが
ない限り電源が入らない．しかしアンプのボリューム
を上げた状態でギター側のプラグを抜き差しすると電
源ON/OFFによる爆音が出る

　メーカ製品や自作エフェクタでは，入力側にこの電源スイッチ
兼用ジャックを設けることが多いようです．私は出力側に設けて
います．私なりの電気的設計ルールに基づくものです．

● **トーン回路**

　ディストーションは音色の調整ができたほうがより使いやすく
なります．BPFやBEP，LPFとHPFの組み合わせなど，内蔵の
トーン回路もいろいろな種類の製品があります．

　最も簡単なLPFのトーン回路は，**図13**に示す *CR* によるハイ
カット型です．ディストーションをかけた音の目立ち方や音の硬
さを調整できます．

　ひずみ成分を減らす方向にしか動作しませんが，ディストーシ
ョン自体が派手な音色なので，このくらいの簡単な回路でも実用
になります．

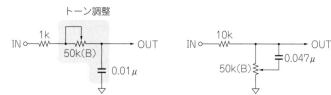

（a）よく使われるハイカット型　　（b）Cの影響をゼロにできる回路

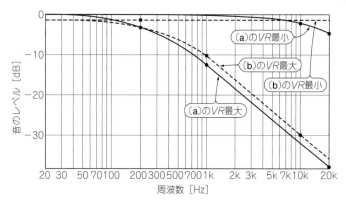

（c）実測の周波数特性

図13　シンプルなハイカット側のトーン調整回路

コラム　手作り楽器エフェクタのテストには 素直な特性のアンプがGOOD

　楽器のスピーカ付きのアンプは，キーボード用やギター用の音作りがなされています．

　音出し用モニタ・アンプは，安価でひずみが小さく周波数特性がフラットなものを選びます．そのほうが信号の素性がわかりやすいからです．

　オーディオ・アンプも使えますが，過大入力で高価なシステムを壊したくはありません．

　特性や癖を把握してあれば，ヘッドホン＋ヘッドホン・アンプでも良いと思います．

ビリビリ！ バリバリ！
過激ディストーション「ファズ」

　ひずみ系のエフェクタは製品が多く，ひずみの発生回路も多種多彩です．

　ひずみ系の効果は，**表1**に示したとおり出音からディストーション，オーバードライブ，ファズに大きく分類されます．しかし，メーカ製品のネーミングや動作は，必ずしもこれに当てはまりません．時期により，名称や分類，捉え方が変わっていることもあります．

　ほとんどの「ファズ」の印象は，尖った音，激しいひずみ音です．ファズ(fuzz)は，英語で「けば立つ」の意味があります．現在では「ファズ」という名称ながら上品な音を出す製品もありますが，とげとげした音のするエフェクタが原点です．

■ ギター・アンプじゃ出ない！
　激しすぎるひずみ系エフェクタ

● ギター・アンプへの過大入力で発生するひずみが源流

　ひずみ系エフェクタは，ギター・アンプへの過大入力時に生じていたひずみ音を電気的に発生させた装置が源流で，1960年代に生まれたといわれています．**表1**の分類の中でも最初に生まれたのが「ファズ」で，最も強烈なひずみ音を出します．

● ギター・アンプでは出ないひずみを作る方向に発展

　エレキ・ギターをはじめとして，ほとんどの楽器の音は，もともと高調波成分が多量に含まれています．ディストーションやオーバードライブは高調波成分を増やす動作に近いといえます．そ

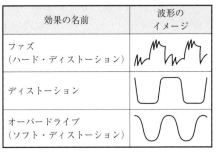

表1
ひずみ系エフェクタの大分類.
今回のファズは激しいひずみ
を作るタイプ
源流となったのは真空管アンプ
のひずみシミュレーションだが,
ファズはシミュレーションを越
えた音を出そうとした

効果の名前	波形の イメージ
ファズ (ハード・ディストーション)	
ディストーション	
オーバードライブ (ソフト・ディストーション)	

れに対して「ファズ」は,持っていなかった高調波成分も加える
動作をします.

　ファズの音は,いわゆる「爆音」が有名です.比較的穏やかな
使い方なら「ギューン」,「ピャー」といった発振音に近いタイプ
まで存在するのがファズです.共通するのは力強さ,独特の存在
感です.

　ファズは,真空管ギター・アンプのひずみ音に似せた効果では
なく,それを越えた強力なひずみ効果を得られます.真空管ギタ
ー・アンプのひずみでは得られない音をトランジスタのエフェク
タで出そうとしたのがファズだったから,と考えられます.

■ トランジスタで作るファズが人気

　ディストーションでは,図1のようなOPアンプとダイオード
を組み合わせたダイオード・クリッパでダイオードの非線形特性
を利用します.ダイオード・クリッパはファズ回路に使うことも
あります.

　ファズの場合,OPアンプを利用した回路が使われた時期もあ
りましたが,音があまり好まれなかったのか,トランジスタを使
ったディスクリート回路が一般的です.「ファズ」に使われるディ
スクリート回路には,いくつか定番があります.

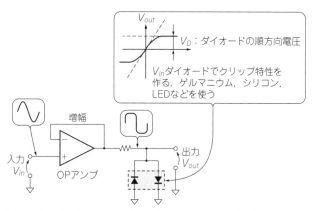

図1 ディストーションに使われるダイオード・クリッパを利用した回路
ファズ以外のひずみ系エフェクタはOPアンプで作ることも多い

■［グループ1］オーバーゲインでひずませるタイプ

● 基本回路

　トランジスタを2個使った高ゲイン・アンプで構成するファズ回路を図2に示します．ビンテージ・エフェクタに多く，以後のファズ回路の原型になっています．一般的にファズと認識されている音が出ます．

　2段目のエミッタ抵抗の値でゲインを変えてひずみ量を調整するのが一般的です．ギターが出力する信号レベルに合わせた調整も必要です．使用するギターが決まっていれば，半固定抵抗にしてユーザは変更しない作り方も考えられます．

● 音色調整

　音色や動作は，使用するトランジスタのh_{fe}に影響されます．製品での採用例は少ないのですが，コレクタ抵抗R_3を図中の吹き出しのように可変抵抗すると，図3のようにひずみ方を変えて音色を調整できます．ケースのパネル面につまみを出して，演奏中

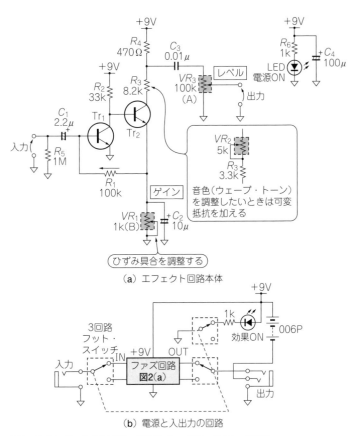

図2 トランジスタを2個使った高ゲイン・アンプのファズ回路
古い(ビンテージ)エフェクタの定番回路

に可変できるようにしておくと,ひずみ波形の非対称性を可変でき音色調整,バラエティとして効果的です.

音色や動作具合の可変方法には,帰還量を決める R_1 を固定抵抗＋可変抵抗とする方法もあります.

ひずみ系効果で重要な「音の厚み」や「存在感」を得るには,私の経験からは波形の非対称性が重要です.アンプがひずむことで

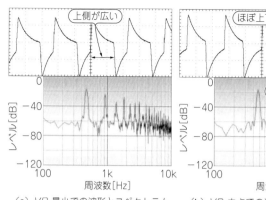

（a）VR_2最小での波形とスペクトラム

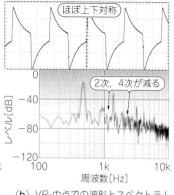

（b）VR_2中点での波形とスペクトラム

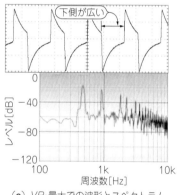

（c）VR_2最大での波形とスペクトラム

図3
図2のファズ回路は VR_2 で波形の対称性を変えられる
正弦波入力時．VR_1 最大での出力を観測．VR_2 が中点付近だと波形の対称性が良くなり偶数次ひずみが減る

艶のある音が出るときがありますが，そのひずみ始めでは，波形の変化は上下同時には起こらないのが普通です．

こうしたシンプルな回路では，デバイスを変えると特性の違いで動作が変化し，結果として音色が変化します．使用するトランジスタの品種の違いによるひずみ方の違いは，ファズ音では重要な違いになります．

ノイズが出るときは，**図4**のようにコンデンサを追加すると改

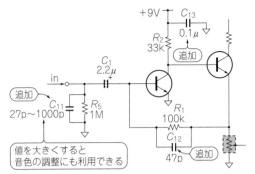

図4 ノイズが出るときはコンデンサを追加して対策する
エレキ・ギター側の出力抵抗は大きいので，C_{11}を大きくすると
LPFになり高域が落ちる

善されます.

● 製作のポイント

　図2の回路はシンプルで，部品点数も少ないので万能基板で組めます. やや大きめの万能基板を使うと製作しやすいです.

コラム　ファズの名器

　ファズは歴史が古く，ビンテージ品も存在します. 製品としては欧州Fuzz Face（**図2**や**図5**に近い），米国BIG Muff（**図7**に近い）が代表格でしょう. 国産製品ではエース・トーンFuzz Master（エース・トーンはRolandの前身で，アッパ・ファズ系）などがあります.

　長い歴史をもつ製品だと，初期生産品はプリント基板さえ用いていない手作りです.

　ビンテージ製品は手に入れられないので，似た音を狙って自作する人もいます. ビンテージ品が使っていたゲルマニウム・トランジスタを探して使うのはまだ正攻法で，ゲルマニウム・パワー・トランジスタでひずみ発生用アンプを作る人もいます.

表2
図2のファズ回路の定数範囲
音作りのために調整できるおおまかな範囲

部品番号	値の範囲
R_1	47 k〜150 kΩ
R_2	33 k〜68 kΩ
R_3	5.6 k〜10 kΩ
R_4	330〜1 kΩ
VR_1	1 kΩ
VR_3	50 k〜500 kΩ (A)または(B)
C_1	0.1 μ〜2.2 μF
C_2	10 μ〜22 μF
C_3	0.01 μ〜0.1 μF

音を確認しながら定数の違う部品に交換するほか，可変抵抗や半固定抵抗を使う方法もある

定数の検討のために部品を頻繁に交換したいなら，専用プリント基板を作ると楽です．定数のおおまかな範囲を**表2**に示します．

● **応用回路**

図5は，基本回路(**図2**)の前に Tr_1 の1石アンプを設け，パラメータを増やした応用回路です(**写真1**)．

Tr_2 のコレクタ抵抗を可変する VR_1，Tr_3 のエミッタ抵抗を可変する VR_3，アンプのゲインを変える VR_2 でひずみ具合が変えら

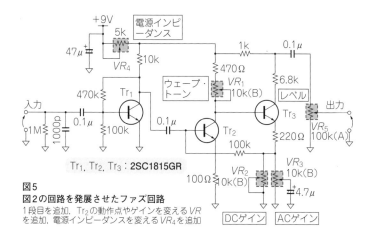

図5
図2の回路を発展させたファズ回路
1段目を追加．Tr_2 の動作点やゲインを変える VR を追加．電源インピーダンスを変える VR_4 を追加

れます．VR_2は交流的なゲインだけでなくDC的な動作点を変えられます．VR_4の調整で，電源のインピーダンスが上がったように働きます．波形や周波数特性の例を図6に示します．

写真1　図5のファズ回路の組み立て例
変更できるパラメータを5つに増やした

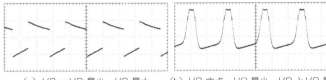

（a）VR_1〜VR_3最小，VR_4最大　　（b）VR_1中点，VR_2最小，VR_3とVR_4最大

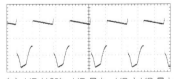

（c）VR_1は9時，VR_2最小，VR_3とVR_4最大

図6
図5のファズ回路はいろいろな波形を出力する
正弦波入力時の出力を観測

■ ［グループ2］ ダイオードやトランジスタの 非線形性を利用してひずませるタイプ

● ダイオード特性利用回路

図7は4石のファズ回路です．トランジスタのベース－コレクタ間にダイオード・クリッパを入れたアンプを2段使って信号をひずませています．

入出力がダイオードの飽和電圧でクランプされるのは図1(b)の回路と似ていますが，OPアンプに比べてゲインが小さなトランジスタを使うので，素子の特性が現れやすくなり，独特のサウンドを発生します．

▶回路構成

ヘッドアンプとしてトランジスタ1石で増幅し，ゲイン・ボリュームで次段へのレベルを決めます．

クランプされたアンプ2段でひずんだ出力を得て(図8)，音色作りのトーン回路を通します．トーン回路は，LPF（ローパス・フィルタ）出力とHPF（ハイパス・フィルタ）出力のバランスを変え

コラム　時代とともに変化してきた ひずみ系エフェクタ用のデバイス

ひずみ系エフェクタの発展の中で，時代に合わせて変わってきたのが使用デバイスです．

登場初期はゲルマニウム・トランジスタでしたが，それがシリコン・トランジスタに，そののちはOPアンプ，さらにディジタル信号処理でのシミュレーションへと変化してきました．

エフェクタに関しては，近年アナログ処理が見直されています．ひずみ系の中では原理がシンプルな回路が人気です．素子の理想的でない特性が表れやすく，シミュレーションでは再現しにくい豊かな音色の変化があります．

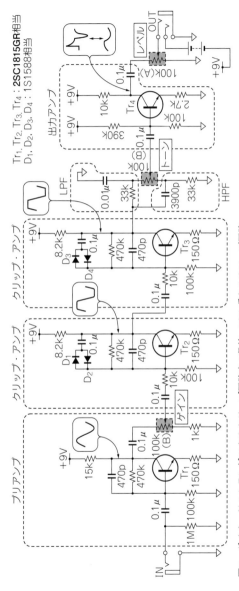

図7 ダイオード+トランジスタのクリップ回路を2段使ってひずませるファズ回路
マフ(Muff)という著名な製品がこのタイプの回路だった

Tr₁, Tr₂, Tr₃, Tr₄：**2SC1815GR相当**
D₁, D₂, D₃, D₄：1S1588相当

プリアンプ

クリップ・アンプ

クリップ・アンプ

HPF

LPF

出力アンプ

レベル

ゲイン

トーン

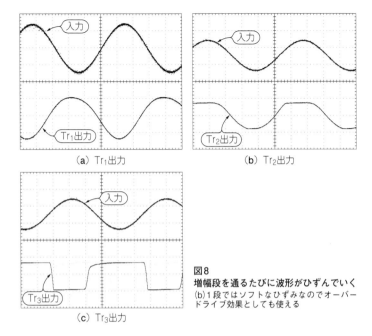

（a）Tr₁出力

（b）Tr₂出力

（c）Tr₃出力

図8
増幅段を通るたびに波形がひずんでいく
(b)1段ではソフトなひずみなのでオーバードライブ効果としても使える

ることで，簡単に特性を得られます（**図9**）．トーン回路の*VR*が中央のとき，両方のフィルタがミックスされます．*CR*定数の選び方次第で，中央時にも周波数特性を持たせることができます．

　シリコン・ダイオードで試作しましたが，ゲルマニウム・ダイオードも使えます．ダイオード・クリッパ＋イコライザの有効性が十分感じられます．

　部品点数は多いのですが，リード部品を基板に立てて実装すると，コンパクトに収まります（**写真2**）．

　古くから人気のある「マフ（Muff）」というファズがこのタイプの回路で，ギンギンにひずんだ良く伸びる音と定評があります．まるでバイオリンの音のようにひずむ，と言われるのは，ひずみ波形の立ち上がりがなまった傾斜になっているところが，バイオ

37

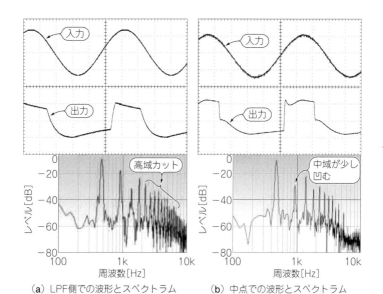

（a）LPF側での波形とスペクトラム

（b）中点での波形とスペクトラム

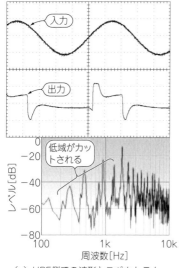

（c）HPF側での波形とスペクトラム

図9
LPF出力とHPF出力の加算バランスを変えて音色を調整するトーン回路
中点でも周波数特性は持つ

写真2　図7のファズ回路の組み立て例
リード部品を立てて実装するとコンパクトに作れる

リンの波形に近いからもしれません.

● ゲルマニウム・トランジスタの無バイアス回路

　オーディオ・アンプではひずまないように十分なバイアスを与えてトランジスタを動作させます. エフェクタでは逆に, バイアスを減らして信号をひずませることもあります.

　図10の回路では, トランジスタにバイアスがかかっていません. 信号電圧が入ったときだけ動作します.

　ゲルマニウム・トランジスタは, **図11**に示すように V_{BE} が小さく, I_C の立ち上がりが緩やかなので, バイアスなしで信号を入力してもそれなりに動作して, ひずみながらも出力が得られます.

　使用するトランジスタの特性の違いが, そのまま波形や音の違いになる回路です. **写真3**のように, 通販で入手できたゲルマニウム・トランジスタで組んでみました. 波形やスペクトラムを**図12**に示します.

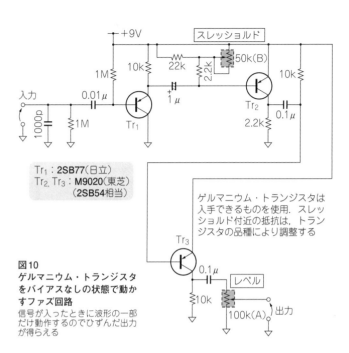

Tr₁：2SB77（日立）
Tr₂, Tr₃：M9020（東芝）
　　（2SB54相当）

ゲルマニウム・トランジスタは入手できるものを使用．スレッショルド付近の抵抗は，トランジスタの品種により調整する

図10
ゲルマニウム・トランジスタをバイアスなしの状態で動かすファズ回路
信号が入ったときに波形の一部だけ動作するのでひずんだ出力が得らえる

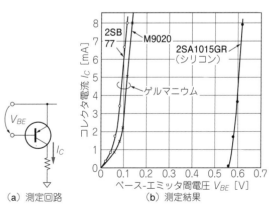

（a）測定回路　（b）測定結果

図11　ゲルマニウム・トランジスタはシリコン・トランジスタより小さな V_{BE} でコレクタ電流が流れる
バイアスがなくても比較的小さな振幅に反応して動作する

写真3 図10のファズ回路の組み立て例
ゲルマニウム・トランジスタは金属製パッケージが普通

ゲルマニウム・
トランジスタ

アンプに信号を入力したまま電源を切ったときに聞こえるようなひずみ音が出ます.

● シリコン・トランジスタでバイアス不足によるひずみを発生させる回路

図10の回路は，ゲルマニウム・トランジスタを使う必要があり，シリコン・トランジスタでは思ったように動きません.

シリコン・トランジスタは，V_{BE}電圧が大きいうえに，立ち上がり特性が急峻なため，無バイアスで動作させると，ほぼ無音になったり，断続的な引きちぎれたような音になったりします.

▶回路 その1…微妙にバイアスする

図10をヒントに，シリコン・トランジスタで動作するように構成したファズ回路が図13です. バイアスをV_{BE}付近にして，不十分だけれども音はちゃんと出るように，V_{BE}付近にバイアスしています.

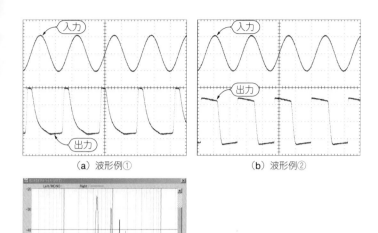

(a) 波形例①

(b) 波形例②

(c) (a)出力の周波数スペクトラム

図12
図10の回路は他の回路で得にくい波形が得られる
生産中止になって久しいゲルマニウム・トランジスタがまだ使われている

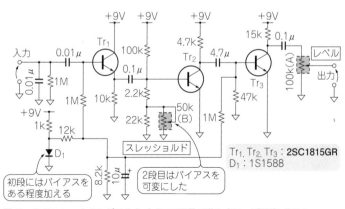

図13　シリコン・トランジスタをバイアス不足で動かすファズ回路　その1
ダイオードを使って中途半端なバイアスを作る

42

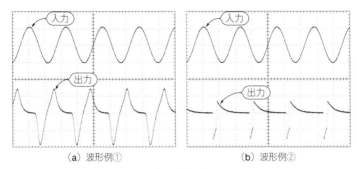

| (a) 波形例① | (b) 波形例② |

図14　図13の回路は上下非対称な波形を得やすい

　ゲルマニウム・トランジスタはPNP型のほうが入手しやすいのに対してシリコン・トランジスタではNPN型のほうが入手しやすいので，極性を変えています．出力波形や周波数スペクトラムの例を**図14**に示します．

▶回路　その2…V_{BE}より十分大きな信号を入力する

　図15も同様に，ゲルマニウム・トランジスタのファズをヒントにした回路です．出力波形の例を**図16**に示します．こちらは，前段ゲインを大きくとり，V_{BE}よりも十分大きな振幅を加えることで，バイアス不足のシリコン・トランジスタを駆動します．

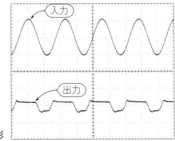

図16
図15の回路の出力波形

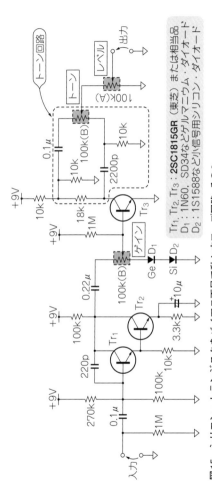

図15 シリコン・トランジスタをバイアス不足で動かすファズ回路 その2
バイアス不足方式は故障アンプで出た偶然の好音再現とも言え、スイッチングひずみ利用などへもつながる

Tr₁, Tr₂, Tr₃ : **2SC1815GR**（東芝）または相当品
D₁ : 1N60　SD34などゲルマニウム・ダイオード
D₂ : 1S1588など小信号用シリコン・ダイオード

トーン回路

トーン

レベル

出力

100K（A）

0.1μ

100K（B）

10k

10k

2200p

+9V

10k

18k

1M

Tr₃

ゲイン

D₁ ▶ Ge
D₂ ▶ Si

+9V

0.22μ

100K（B）

+10μ

100k

Tr₂

3.3k

+9V

220p

Tr₁

100k

10k

+9V

270k

0.1μ

1M

入力

■ ［グループ3］2倍の周波数成分を加える
アッパ・オクターブ・ファズ

入力信号を遁倍（多くは2倍）する波形加工をして，高い周波数を発生するのがアッパ・オクターブ・ファズです．波形生成にいくつかの方法があります．

● 差動回路を利用

回路を**図17**に，波形を**図18**に示します．

▶トランジスタ3個で遁倍動作を実現する

Tr_2の増幅段はゲイン1ですが，コレクタとエミッタで位相が反転した2つの出力信号が同時に得られるので，C−E分割回路と呼びます．このTr_2とTr_3，Tr_4で2遁倍回路を構成します．Tr_3，Tr_4のコレクタを合流したポイントからは，振幅が大きくなった2倍の周波数が得られます［**図18(a)**］．

2遁倍回路にあるトーン・ボリュームは，電気的にはバランス・ボリュームです．入力が正弦波ならば，**図18(a)**のように奇麗な2倍波が得られるポイントに設定できます．実際のギター音は正弦波ではないので，このボリュームはひずみの音色を変える働きを持ちます．

▶ダイオード・クリッパを入れる

2遁倍回路だけでも，入力の2倍の周波数のひずんだ波形が得られますが，ディストーション・スイッチをONすると，出力をD_1，D_2のダイオード・クリッパ回路でさらにひずませることができます［**図18(b)**］．

ダイオード・クリッパ回路の役割は，ひずみ発生だけではありません．振幅の変化を抑える働きがあるので，音の伸びがよくなったり，音量変化が小さく楽器として扱いやすくなったりします．コンプレッサ的な働きといえます．

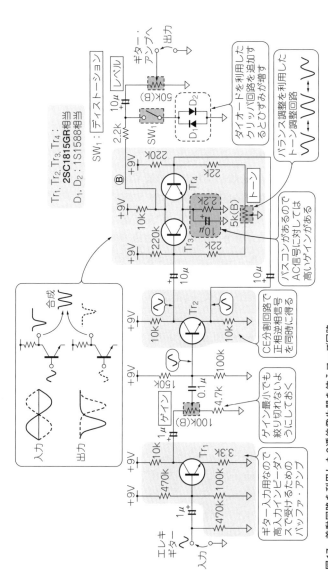

Tr₁, Tr₂, Tr₃, Tr₄：
2SC1815GR相当
D₁, D₂：1S1588相当

SW₁：ディストーション

ギター・アンプへ
出力

レベル

50K(B)

10μ

2.2k

SW₁

D₁ ▶◀ D₂
D₁ ▶◀ D₂

ダイオードを利用した
クリップ回路を追加す
るとひずみが増す

バランス調整した
トーン調整回路

220k

+9V

+9V

22K

2.2K

10μ

Tr₄

5k(B)

トーン

B

10k

220k

+9V

Tr₃

22K

バスコンがあるので
AC信号に対しては
高いゲインがある

+9V

10μ

10μ

Tr₂

10k

10k

CE分割回路で
正相逆相信号
を同時に得る

+9V

100k

150k

0.1μ

100K(B)

ゲイン

4.7k

ゲイン最小でも
絞り切れないよ
うにしておく

入力

合成

出力

1μ ゲイン

10k

3.3k

+9V

Tr₁

470k

100k

ギター入力用なので
高入力インピーダン
スで受けるための
バッファ・アンプ

+9V

470k

1μ

エレキ
ギター

入力

図17 差動回路を利用した2逓倍発生器を使うファズ回路
Tr₂, Tr₃, Tr₄で2逓倍したあと，ダイオード・クリップ回路を通す

46

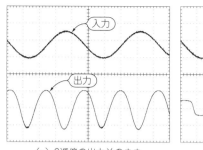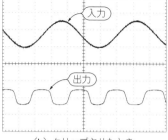

(a) 2逓倍の出力そのまま　　　　　　　　(b) クリップさせたとき

図18　図17の回路で周波数が倍の波形が得られているようす
正弦波入力時は，トーンのVRを調整すると，出力も奇麗な正弦波が得られる

▶ダイオード・クリッパの改良アイデア

　図17ではシリコン・ダイオードを使っていますが，ゲルマニウム・ダイオードやLEDを使うこともできます．この場合，クリップ電圧や飽和カーブが違うので，出力レベルやクリップのかかり方が変わります．普通のスイッチだとON/OFFしかできませんが，**図19**のように中点OFFタイプのスイッチを使えば，OFFと2種類の切り替えも可能です(**写真4**)．

　ただし，ダイオードを切り換えると，飽和電圧が変わるので出力レベルが大きく変わってしまいます．演奏中の切り替えを考慮すると，出力レベルも同時に切り替えられる工夫が必要です．

● 全波整流を利用

　整流はダイオードを用います．全波整流にするには正相と逆相の両信号が必要です．

　差動回路を利用するタイプと同様にトランジスタのC−E分割で実現できますが，**図20**では小型トランスを使用しました(**写真5**)．2次側タップ付きのトランスを利用して，正相・逆相の両信号を得ています．出力波形の例を**図21**に示します．

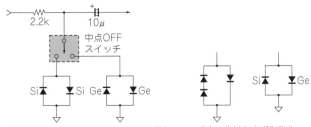

(a) 切り替えとOFFを1つのスイッチで行う　　　(b) 非対称ひずみ発生

図19　中点OFFスイッチを使うとクリップに使うダイオードを選択式にできる
出力振幅が大きく変わることへの対応を考えないと，演奏時の切り換えには向かない

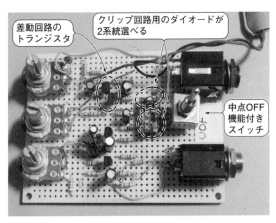

写真4　図17のファズ回路の組み立て例
差動回路＋ダイオード・クリッパ

● 逓倍回路の出力と元の波形を混ぜることもある

　アッパ・オクターブ・ファズでは，入力信号の2倍の周波数を
得る回路を使いますが，その目的は多くの高調波を得ることです．
入力信号がすべて倍になり基本周波数のない信号になってしまう
と，ただの1オクターブ上の音になるので，迫力を失います．

　性能の良い逓倍回路を使う場合は，基本波との加算が必要です．
加算時の割合を調整できるようにしておくと，音色のバリエーシ

48

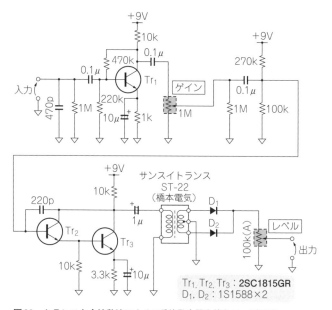

図20　トランスと全波整流による2逓倍発生器を使うファズ回路
中点タップ付きのトランスを使うと、位相が逆の信号を簡単に得られる。逓倍回路
は、DBM1CのLM1496の利用などもある

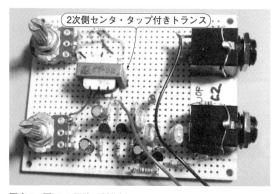

写真5　図20の回路の製作例
トランスで位相が逆の信号を作ってダイオードで整流する

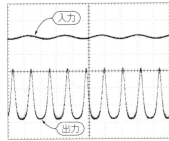

図21
図20の回路は入力が正弦波でも
ひずんだ波形が出やすい
ダイオードの非線形特性による

ョンも増やせます.

■ ファズの改良版

● ファズ回路に周波数特性を調整できるトーン・イコライザを組み合わせて音色に変化を付ける

図7のようにトーン・イコライザを加えて音色にバリエーションを付けることもできます.

コラム　ひずみ系エフェクタの肝「プリアンプ」のいろいろ

たいていのひずみ系エフェクタには, 扱いやすいレベルまで増幅するプリアンプが前置されています.

エレキ・ギターの出力インピーダンスは高いので, まずは200kΩ程度以上の入力インピーダンスを持つ回路で受け, 最初の段で信号レベルを上げます.

ギターの種類により出力レベルは異なるので, 次段への入力レベルを決めるゲイン・ボリュームを用意します. 効果のかかり方は, このゲイン・ボリュームで決まります.

ビンテージ・エフェクタには入力インピーダンスが低い製品もあります. 入力インピーダンスが低いとノイズが小さくなるメリットがあります. 音色作りのために, あえて低い入力インピーダンスにしている回路もあるようです.

周波数特性を積極的にコントロールする別のエフェクタ，例えばグラフィック・イコライザ（グライコ）やパラメトリック・イコライザ（パライコ）をファズの後に接続することも考えられますが，ファズと合わせた音作りをするなら，ファズ・エフェクタに組み込まれているほうが便利です．

● ファズ回路同士を組み合わせることもできる

過度な増幅，ダイオード・クリップ，周波数逓倍など，今回紹介したファズの基本回路同士を組み合わせた回路もあります．

図22は，整流回路と比較回路を組み合わせ，4倍アッパ・オク

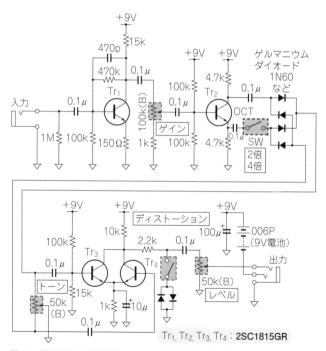

図22 整流回路と差動回路，2つの2逓倍回路を組み合わせたファズ回路
スイッチで2逓倍と4逓倍を選択できるようにしてみた

51

ターブ・モードも，2倍アッパのオーソドックスなコンパレート動作もできるファズです（**写真6**）．入出力波形を**図23**に示します．

　全派整流回路だけでもアップ・オクターブ動作が可能ですが，差動回路を使った比較OR回路を加えることで，さらに2倍の高い周波数を発生します．

　ギター信号をトランジスタで増幅した後，ゲイン調整用のボリュームを通し，C-E分割したトランジスタ1段で逆相関係の信号を作り，それをダイオードで両波を整流します．

　正弦波入力動作ではさらに1オクターブ上の音が生成されます．使いやすさ，音色の多彩さを考えて，2倍動作もできるようにトーン調整にはバランス・ボリュームを設けています．

　演奏のしやすさや音の伸びは，出力にダイオード・クリッパ回路を入れたほうが良くなります．

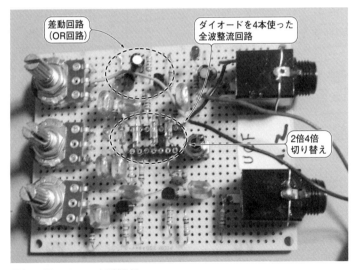

写真6　図22のファズの製作例
全波整流回路で4逓倍を作る

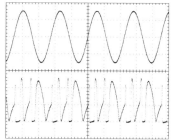

(a) 4逓倍出力   (b) 2逓倍出力

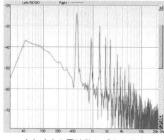 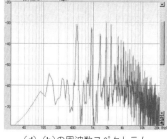

(c) (a)の周波数スペクトラム   (d) (b)の周波数スペクトラム

図23 図22の回路で4逓倍と2逓倍の出力を得られる

コラム 測定と音色

　波形やスペクトラムなどの測定結果がそのままエフェクタの音を示すことはありませんが，経験的には，ある程度の関係が見出せます．

　波形はギターの音が伸びたときの音色に関係します．音量変化による音色変化も参考になります．

　波形を見ても音が想像しにくいのは，複数の音程が同時に鳴った時の濁りや汚れです．これは，スペクトラムや奇数次高調波と関連付けができそうです．

　カッティングなど，過渡的な変化が大きい演奏をしたときの音は，波形やスペクトラムからは想像が付きにくくなります．

OPアンプ式と真空管式の2タイプ
ソフト・ディストーション「オーバードライブ」

オーバードライブは，ファズやディストーションと比べると，原音を強烈に変えずに適度にひずませるソフト・ディストーションです．ひずみの効果のイメージを**表1**に示します．

もともとは真空管ギター・アンプの過大入力時に得られたひずみを積極的にギター演奏時の音色付けに利用したものです．オーバードライブという呼び名は，アンプの過大入力状態を表す言葉が起源です（**図1**）．

ここでは，OPアンプを使った回路と真空管を使ったオーバードライブ回路を紹介します．

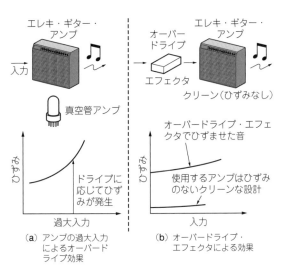

図1　オーバードライブの考え方

初出：トランジスタ技術2017年6月号

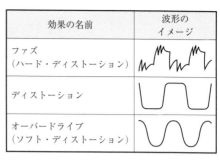

表1
ひずみ系エフェクタの大分類
オーバードライブは入力が高い
ときだけ原音を軽くひずませる
タイプ

効果の名前	波形の イメージ
ファズ （ハード・ディストーション）	
ディストーション	
オーバードライブ （ソフト・ディストーション）	

■ OPアンプ式オーバードライブ

● アンプの電源クリップをダイオードで再現

　オーバードライブ回路としてよく見るのが，帰還回路にダイオードを入れてひずませる方法です．入力信号のレベルが低いときはそのまま増幅され，ダイオードの順方向を超えるとダイオードがONになりひずみます．このダイオードの種類と数でひずみ方が変わります．さらに順方向と逆方向のダイオードを変えることにより，上下非対称のひずみを得ることもできます．

　OPアンプの帰還回路にダイオードを入れてひずませるオーバードライブの回路例を**図2**に，製作例を**写真1**に，実測特性を**図3**に示します．

　ひずみ方はアンプのゲインで決まります．帰還抵抗を可変するとひずみ具合が変化します．ゲインを変化させても出力レベルを一定にできるようにレベル・ボリュームを後置し，デュアルOPアンプの残りでボルテージ・フォロワを構成しています．片電源動作で必要な仮想中点電圧を抵抗分圧で得ています．

　オーバードライブの音色とドライブ感を決めるダイオードはソケット式とし，簡単に差し替えられるようにしました．ゲルマニウム・ダイオード，シリコン・ダイオード，LEDを挿入し，接合間電圧やON/OFF特性の違いにより，音色の異なるオーバード

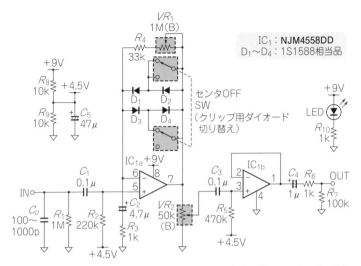

図2 OPアンプの帰還回路にダイオードを入れて原音をひずませるオーバードライブの回路例

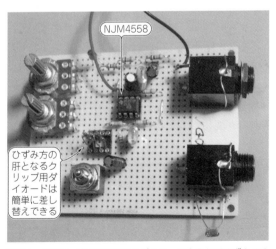

ひずみ方の肝となるクリップ用ダイオードは簡単に差し替えできる

写真1 OPアンプの帰還回路にダイオードを入れてひずませるオーバードライブの製作例

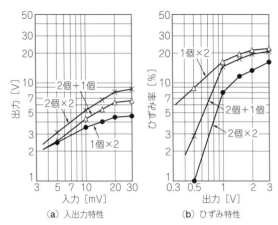

図3 OPアンプの帰還回路にダイオードを入れてひずませるオーバードライブ回路の実測特性

同じ部品を使っても，ディストーションの回路と異なりひずみ素子を帰還のループに入れているので，ひずみが少なめ

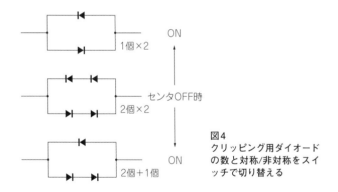

図4
クリッピング用ダイオードの数と対称/非対称をスイッチで切り替える

ライブ効果を体験できます．

　中点OFFのスイッチの切り替えでダイオードの数と対称/非対称を選択できるようにしています．**図4**のような4個，3個，2個の3通りのモード選択としています．切り替えたときの波形やスペクトラムの違いを**図5**に示します．

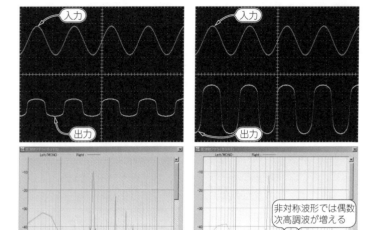

(a) ダイオード1個×2の波形と
　　周波数スペクトラム

(b) ダイオード2個+1個の波形と
　　周波数スペクトラム

非対称波形では偶数
次高調波が増える

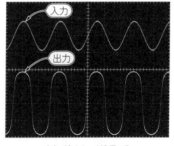

(c) ダイオード2個×2

図5
クリッピング用ダイオードを切り替えた
ときの波形やスペクトラムの違い

■ The オリジナル！真空管オーバードライブ

● 電池駆動可能な直熱型の三極管

　オーバードライブの起源は真空管アンプのひずみです．真空管
志向の代用オーバードライブとしてCMOSゲートICのアナログ

使用，J-FET（入力ダイオード，FET負荷など）などがあります．しかしここでは，実際に真空管を使います．電池で駆動でき，電源トランスなどが必要ないサブミニチュア管と呼ばれる小型の真空管「6286」を使いました．小型に作れるので，エレキ・ギターのエフェクタ用途にはピッタリです．

このサブミニチュア管「6286」は，直熱型の三極管で，カソードはなくフィラメントから直接電子が飛び出すタイプです．定格のヒータ電圧は1.25V，電流が10mAです．端子は一般的な真空管のコネクタではなく，リード線です（**写真2**）．

図6にサブミニチュア管「6286」を使ったオーバードライブ回路の例を示します．フィラメントとグラウンドの間の抵抗に生じる電圧を入力バイアスに利用しています．この抵抗の値を可変すると，ひずみ具合を変化させることができます．実測した特性を**図7**に示します．500Hz正弦波を入力したときの波形とスペクトラムを**図8**に示します．

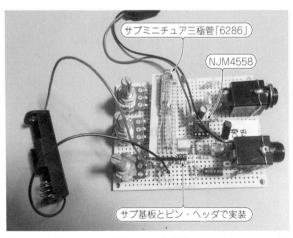

写真2　サブミニチュア三極管「6286」を使ったオーバードライブ回路の実装例

59

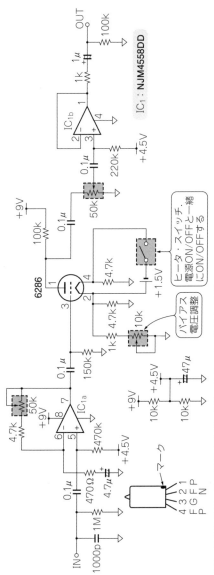

図6 サブミニチュア三極管「6286」を使ったオーバードライブ回路

IC₁ : **NJM4558DD**

ヒータ・スイッチ. 電源ON/OFFと一緒にON/OFFする

バイアス電圧調整

60

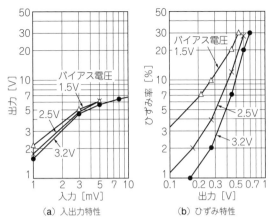

(a) 入出力特性　　　　　(b) ひずみ特性

図7　三極管「6286」を使ったオーバードライブ回路の実測した特性

● フィラメント回路の工夫

　図6のサブミニチュア三極管「6286」を使ったオーバードライブ回路では，フィラメント電源のON/OFF回路が個別にあり，電源の管理が面倒です．バイアスの可変抵抗が0Ωでも，フィラメント電圧がバイアスとなり動作できます．その場合はフィラメントの片側を接地できるので，**図9**のように，電源ON/OFFをコネクタを利用して自動化できます．

　フィラメントの規格は1.25V±20％です．単3形乾電池は使用開始時に1.5V以上あるので，規格を少しオーバーします．10mAの定電流ダイオードを直列に入れて電源を共通にすると良いでしょう．

● 多極管を利用

　真空管タイプのポータブル・ヘッドホン・アンプ製品で使用される「6418」も，比較的入手性の良いサブミニチュア管です．こちらは多極管で，そのまま使うとひずみに奇数次成分が多くなるので，第2グリッドに抵抗を介してプレートに接続（三極管接続）

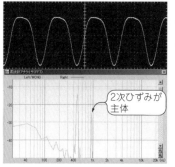

(a) バイアス1.5V時の波形とスペクトラム

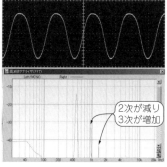

(b) バイアス2.5V時の波形とスペクトラム

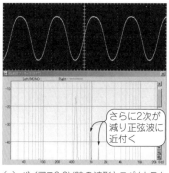

(c) バイアス3.2V時の波形とスペクトラム

図8
多極管「6286」を使ったオーバードライブ回路の波形とスペクトラム
バイアスを適度に減らした(a)は,刺激的な音になりやすい3次ひずみがなく,かつ響きが豊かといわれる2次ひずみが多い

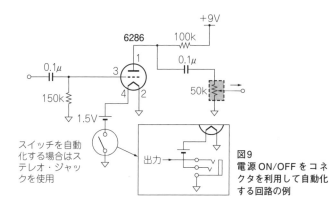

スイッチを自動化する場合はステレオ・ジャックを使用

出力

図9
電源 ON/OFF をコネクタを利用して自動化する回路の例

するのがよいでしょう.

サブミニチュア多極管「6418」を三極管接続で使ったオーバードライブ回路の例を**図10**に示します. 三極管「6286」とはピン配置が異なりますが, **写真3**のようにユニバーサル基板とピンヘッダを利用してユニット化すると, 簡単に差し替えが可能になります. 多極管「6418」を使ったオーバードライブ回路の実測特性を**図11**に, 波形とスペクトラムを**図12**に示します.

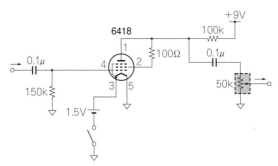

図10 多極管「6418」を使ったオーバードライブ回路の例

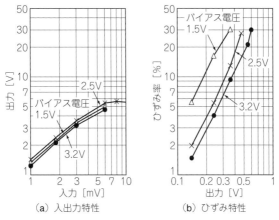

（a）入出力特性　　　　（b）ひずみ特性

図11 多極管「6418」を使ったオーバードライブ回路の実測特性

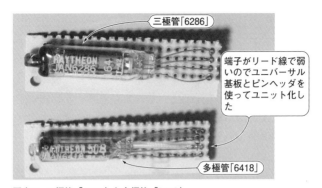

写真3 三極管「6286」と多極管「6418」
簡単に差し替えできるように加工したサブミニチュア管

写真内ラベル:
- 三極管「6286」
- 端子がリード線で弱いのでユニバーサル基板とピンヘッダを使ってユニット化した
- 多極管「6418」

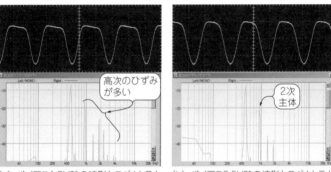

（a）バイアス1.5V時の波形とスペクトラム

（b）バイアス2.5V時の波形とスペクトラム

図内ラベル:
- 高次のひずみが多い
- 2次主体

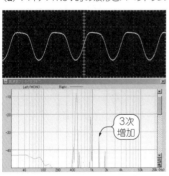

（c）バイアス3.2V時の波形とスペクトラム

図内ラベル:
- 3次増加

図12
多極管「6418」を使ったオーバードライブ回路の波形とスペクトラム
バイアスが減り過ぎるとスライスされた波形になり，5次以上のひずみが多くなる．きつめのディストーションになってしまう

64

■ 音響用真空管Nutubeを使用したオーバードライブ回路

● 小型超低消費電力の直熱真空管

Nutube（ニューチューブ）は，楽器メーカのKORGがノリタケ伊勢電子と共同開発した真空管です（**写真4**）．

従来の三極管と同様アノード，グリッド，フィラメントの構造を持つ直熱型真空管ですが，蛍光表示管の技術を使い，従来の真空管に比べて省電力で小型という特徴があります．

このNutubeをひずみユニットとして使ったオーバードライブの回路を**図13**に，製作例を**写真5**に，音響用真空管Nutubeの実測特性を**図14**，波形とスペクトラムを**図15**に示します．

音響用真空管Nutubeの使い方は，サブミニチュア・タイプの電池管と大きく変わりません．**図16**のように三極管が内部に2ユニットあります．2管のフィラメントは内部で接続されているので，その共通端子をGNDに落として使うのが一般的です．**図13**の回路では片ユニットのみ使用しています．

フィラメント規格は0.7V，17mAです．ドロップ抵抗を直列に入れて電圧を落とします．バイアス電圧は電源の9Vから3.3Vのボルテージ・レギュレータで作りました．

音響用真空管Nutubeは楽器だけでなく，ポータブル型ヘッド

写真4
小型・省電力の音響
用真空管Nutube
蛍光管表示技術を応用

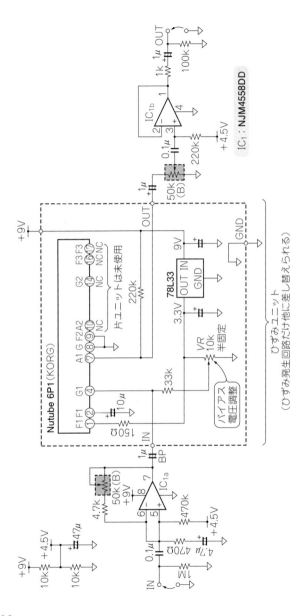

図13 音響用真空管 Nutube を使ったオーバードライブの回路
利用にはデータシートの利用が便利(https://korgnutube.com/jp/)．メーカには評価ボードも用意されている

写真5　Nutubeを使ったオーバードライブの製作例

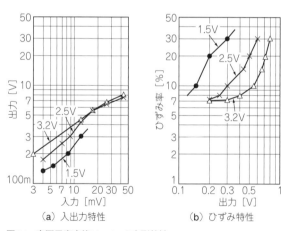

（a）入出力特性　　　　　　　　（b）ひずみ特性

図14　音響用真空管Nutubeの実測特性

ホン・アンプなどにも使えます．メーカ発表では，従来型真空管
（ミニチュア管と思われる）に対して，消費電力は2%，スペース
は30%とあります．

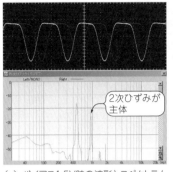

（a）バイアス1.5V時の波形とスペクトラム

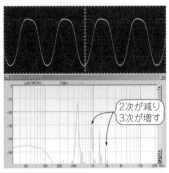

（b）バイアス2.5V時の波形とスペクトラム

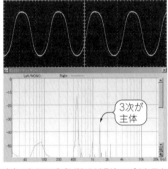

（c）バイアス3.2V時の波形とスペクトラム

図15
音響用真空管Nutubeの波形とスペクトラム
バイアス少なめのときのひずみは主に偶数次.
バイアスを上げてひずみを減らすと3次ひずみが残る

● 使い方

Nutubeの使用ガイドでは，バイアス抵抗と負荷抵抗に範囲指定があります.

V_{CC}＝12Vのときグリッド・バイアス電圧2〜3Vです. 個体差があるので，半固定抵抗などを使って最もゲインが大きく取れるようにバイアス電圧を調整します.

グリッド・バイアス抵抗の推奨値は10〜33kΩです. 正バイアスで使用するため，入力インピーダンスは高くありません. 最大で30μA程度のグリッド電流が流れるようです.

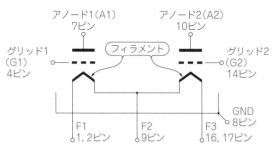

アノード1(A1)
7ピン

アノード2(A2)
10ピン

グリッド1
(G1)
4ピン

フィラメント

グリッド2
(G2)
14ピン

GND
8ピン

F1
1, 2ピン

F2
9ピン

F3
16, 17ピン

図16 音響用真空管Nutubeの構造

エレキ・ギターなど，ハイ・インピーダンス出力の信号を入力したいときは，Nutubeの前にインピーダンスの高いJFETやOPアンプのバッファを配置します．

フィラメント定格は0.7 V，17 mA，フィラメント抵抗値は41Ωです．一般的な真空管では，フィラメントやヒータにはAC100Vからトランスで降圧した交流電圧を加えることがありますが，Nutubeではハム・ノイズを避けるために直流が望ましいです．フィラメント－グラウンド間にコンデンサ（10μF程度）を挿入すると残留ノイズを低減できます．

Nutubeの8ピン（GND）はシールド効果を持たせるため，基本的に9ピン（F2）とともにグラウンドに接続します．

● **フィラメント定格は厳守！**

Nutubeのフィラメント定格0.7 V，17 mAは厳守します．定格を超えるとフィラメントは簡単に断線するようです．これは外観からもわかり，フィラメントが赤熱している状態は異常です．

● **実用には振動対策が重要**

Nutubeは直熱管です．フィラメントの振動に由来するマイクロフォニック・ノイズが原理的に起こりやすい構造です．

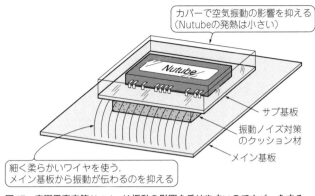

図17 音響用真空管 Nutube は振動の影響を受けやすいのでカバーをする

Nutubeへの振動は，主にマウント基板からとNutubeの周りの空気からの2経路があります．次の2つの方法で対策するとよいと思います．

① マウント基板からの振動対策

図17のように，Nutube，もしくはNutube基板とメイン基板間にクッションを挿入します．Nutubeの端子と基板を接続する線材も，細くて柔らかい振動の伝わりにくいものを使うと効果的です．メーカからも防振対策ができる純正のアクセサリ・キット（NUTUBE-ACCESSORY-KIT-01）が用意されています．

② 空気振動からの振動対策

空気の振動（音）がNutubeのガラス表面に伝わることにより，マイクロフォニック・ノイズが発生します．特に，金属を叩いた音など，高い周波数成分を含んだ音を拾いやすい傾向があります．対策として，Nutube全体を箱に入れるなどして，空気振動が伝わらないようにします．箱の内部の壁にゴム・スポンジなどを貼ると，さらに効果的です．Nutubeの表面に比重の重い金属板などを接着して，表面の振動を抑える方法もあります．

2-1　アナログ・ディレイIC BBDで遅延時間を長くしたり，短くしたり…

音の大海原！ ステレオ・コーラス

コーラスは，楽器演奏やボーカルなどにかけて，音に豊かさを加えるためによく使われます．比較的強い音作りからアレンジ的な使い方まで，活用範囲の広さが特徴です．モノラル信号を疑似的にステレオ信号化するのに使われることもあります．

コーラス・エフェクタの入力は，キーボードなどの鍵盤楽器，エレキ・ギターが代表格です．特にジャズ・オルガンでは，コーラスが回転スピーカ（ロータリ・エフェクト，コラム1参照）の代用として使われていて，演奏手法にも関わってきます．

■ コーラスの原理

● 音程に揺らぎを与える効果

コーラス（合唱）は図1(a)のように，複数の歌唱者のそれぞれ違う微妙な音程のずれや揺れが足し合わされ，音の厚みを作り出し美しい響きとなります．

コーラス・エフェクタでは，図1(b)のように，入力された信号の音程を微妙に変化させ，原音に足し込むことで潤いを持った効果を実現します．

● ディレイ回路で音程を変化させる

微妙な音程変化をどうやって作るかが問題です．ピッチを抽出して変換…と考えてしまうかもしれませんが，多数の音が混じっ

初出：トランジスタ技術2015年8月号

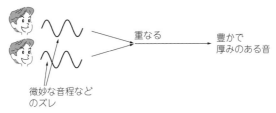

（a）自然に発生するコーラス

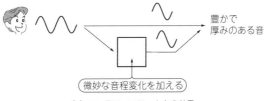

（b）コーラス・エフェクタの効果

図1　コーラス効果の原理
音程変化を加えた信号を元の信号に加算する

ていた場合の処理を考えると，現実的ではありません．音程は，
音の時間軸を縮めたり延ばしたりすることで変化させます．ディ
レイ回路を使い，遅延時間を変化させます（**図2**）．

■ 製作物

　製作したコーラス・エフェクタの外観を**写真1**に，回路を**図3**

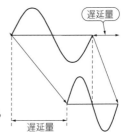

図2
ディレイ回路の遅延時間を変える
ことで音程変化を実現する

に示します．ケースは自作です．

　さまざまな楽器に広く使えるコーラス効果(マニュアル・モード)と，オルガン演奏に使うことを想定したトレモロ/コーラス(Tremolo/Chorusモード，以下T/Cモード)を用意しています．

● マニュアル・モード

　マニュアル・モードでは，変調用発振器の周波数(レイト)，BBD(Bucket Brigade Device)クロックの変調幅(デプス)，遅延信号のブレンド量(エフェクト)の3つをボリュームで調整でき，さまざまな音を作り出せます．

● 回転スピーカのようなT/Cモード

　T/Cモードは，電子オルガンに使われる回転スピーカをシミュレーションします．トレモロ(数Hz)かコーラス(1Hz前後)かを切り換えできるモード，という意味です．変調周期と変調幅はプリセットです．エフェクト・ボリュームだけ調整できます．

　回転スピーカを搭載したオルガンでは，演奏中の持続音が出ている間に回転スピーカの速度を高/低で切り換え，回転速度が徐々に変化するところを聞かせる奏法があります．これを再現できるように，外部接続したフット・スイッチでトレモロとコーラスの切り換えができるようにしました．フット・スイッチに2連タイプを使うと，効果のON/OFFもできます．

　外部フット・スイッチ用コネクタは，2連フット・スイッチFS-6(ローランド)に合わせました．ラッチ・タイプとモーメンタリ・タイプの切り換え，出力の極性も自在に設定できて，実験にも演奏にも便利です．今回の製作では，ラッチ・タイプの設定を想定しています．

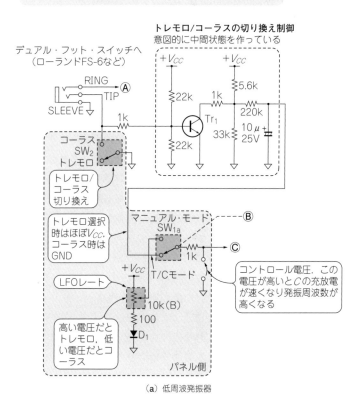

Tr₁～Tr₃：**2SC1815**（東芝）
D₁～D₃ ：1S1588（東芝）
IC₁ ：**TL092CP**（テキサス・インスツルメンツ）
IC₂ ：**NJM4558D**（新日本無線）
SW₁：DPST.マニュアル・モードとT/Cモードの切り換え
SW₂：SPST.T/Cモードのときトレモロとコーラスの切り換え

トレモロ/コーラスの切り換え制御
意図的に中間状態を作っている

デュアル・フット・スイッチへ
（ローランドFS-6など）

RING Ⓐ
TIP
SLEEVE ▽

+V_CC   +V_CC

22k   5.6k
1k
1k
Tr₁   220k
22k   33k   10μ +
              25V

コーラス
SW₂
トレモロ

トレモロ/
コーラス
切り換え

トレモロ選択
時はほぼV_CC.
コーラス時は
GND

マニュアル・モード ----Ⓑ
SW₁ₐ
Ⓒ
1k

コントロール電圧. この
電圧が高いとCの充放電
が速くなり発振周波数が
高くなる

+V_CC
T/Cモード
LFOレート

10k(B)
100
D₁

高い電圧だと
トレモロ, 低
い電圧だとコ
ーラス

パネル側

（a）低周波発振器

図3 製作したコーラス・エフェクタの回路（その1）

74

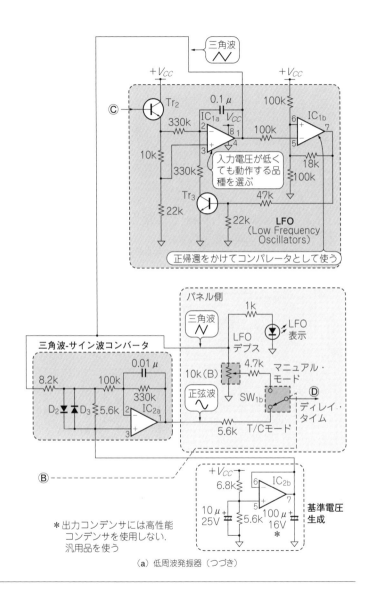

三角波 〜

$+V_{CC}$

© — Tr₂

0.1μ

330k

IC₁ₐ V_{CC}

10k

330k

入力電圧が低くても動作する品種を選ぶ

100k

$+V_{CC}$

IC₁ᵦ

100k

Tr₃

22k

22k

18k

100k

47k

LFO
(Low Frequency Oscillators)

正帰還をかけてコンパレータとして使う

パネル側

三角波 〜

1k

LFO
デプス

LFO
表示

10k(B)

4.7k

マニュアル・モード

正弦波 〜

SW₁ᵦ

© — D

ディレイ・タイム

5.6k

T/Cモード

三角波-サイン波コンバータ

0.01μ

8.2k

100k

330k

D₂ D₃ 5.6k

IC₂ₐ

Ⓑ - - - - - - - - - -

$+V_{CC}$

6.8k

IC₂ᵦ

10μ
25V

5.6k

100μ
16V
*

**基準電圧
生成**

*出力コンデンサには高性能
コンデンサを使用しない.
汎用品を使う

(a) 低周波発振器(つづき)

75

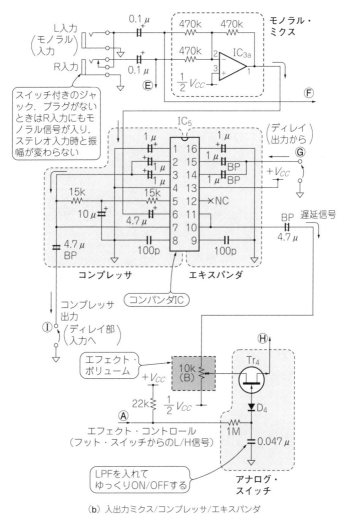

L入力
(モノラル入力)

R入力

0.1μ

0.1μ

470k 470k

470k

IC₃ₐ

1/2 V_CC

モノラル・ミクス

E

F

スイッチ付きのジャック. プラグがないときはR入力にもモノラル信号が入り, ステレオ入力時と振幅が変わらない

IC₅

(ディレイ出力から)

1μ

1μ

1μ

1μ BP

1μ BP

+V_CC

G

15k

10μ

15k

4.7μ

BP
4.7μ

遅延信号

4.7μ
BP

100p

100p

BP
4.7μ

コンプレッサ

エキスパンダ

コンパンダIC

×NC

コンプレッサ出力

I
(ディレイ部入力へ)

エフェクト・ボリューム

+V_CC

10k
(B)

H

Tr₄

22k

1/2 V_CC

A

エフェクト・コントロール
(フット・スイッチからのL/H信号)

LPFを入れてゆっくりON/OFFする

D₄

1M

0.047μ

アナログ・スイッチ

(b) 入出力ミクス/コンプレッサ/エキスパンダ

図3 製作したコーラス・エフェクタの回路(その2)

76

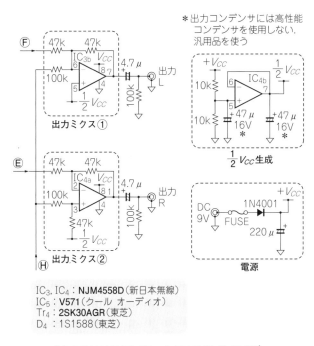

＊出力コンデンサには高性能
　コンデンサを使用しない.
　汎用品を使う

出力ミクス①

$\frac{1}{2}V_{CC}$生成

出力ミクス②

電源

IC₃, IC₄：**NJM4558D**（新日本無線）
IC₅：**V571**（クール　オーディオ）
Tr₄：**2SK30AGR**（東芝）
D₄：1S1588（東芝）

（b）入出力ミクス/コンプレッサ/エキスパンダ（つづき）

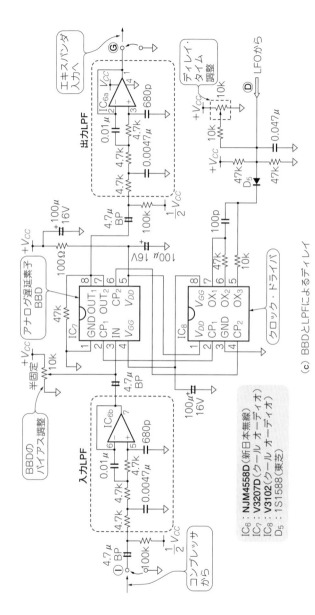

(c) BBDとLPFによるディレイ

図3 製作したコーラス・エフェクタの回路（その3）

IC6 : NJM4558D（新日本無線）
IC7 : V3207D（クール オーディオ）
IC8 : V3102（クール オーディオ）
D5 : 1S1588（東芝）

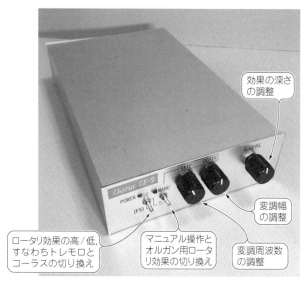

（a）正面

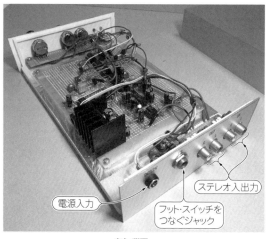

効果の深さ
の調整

変調幅
の調整

変調周波数
の調整

ロータリ効果の高／低，
すなわちトレモロと
コーラスの切り換え

マニュアル操作と
オルガン用ロータ
リ効果の切り換え

電源入力

フット・スイッチを
つなぐジャック

ステレオ入出力

（b）背面

写真1　製作したコーラス・エフェクタの外観

■ 使い方

● 原音にビブラートを混ぜたコーラス効果

　遅延時間のベースを大きくしておいて，遅延の変化幅も大きくすると，音程変化が聞こえます．これはビブラート効果といいます．ビブラートのかかった音と原音を混ぜることで，声であればコーラスをしているような効果になります．これがコーラス効果と呼ばれる理由です．

　コーラス効果を大きくとると，ダブったような適度ににじんで豊かな音になります．これは乾いた音，硬い音ほどはっきりします．丸い音では，コロコロとした干渉した感じの音になります．

　遅延時間を長く取ったうえで変化させたり，遅延時間の変化範囲が広かったりすると，音色変化が顕著に起こります．しかし，元信号と混ざると干渉して，単純なピッチ変化ではなくなります．音色変化が大きすぎる場合は，エフェクトのボリュームを下げて効果を小さくすると，違和感を減らせます．

● 音量が増減するウネウネ効果トレモロも！

　変化周期を短くし，より音色の変化感を出すのがトレモロです．トレモロは本来，周波数変化ではなく振幅変化のことです．周波数変化させた信号を源信号と足し込むと，結果的に振幅変化が生まれ，コロコロと聞こえます．

● 臨場感も満点！

　音に厚みを持たせるコーラス効果と，モノラルの信号にステレオ感を出すステレオ効果は，原理がほぼ同じです．積極的に音色変化を利用するのがコーラス効果です．音を聞きながらパラメータを変えていくと，音色の変化が弱く，代わりにサラウンド感を感じるポイントがあります．

本格的なサラウンドを実現するには「余韻」を増すことも必要です．リバーブ効果がこれに相当します．電気的なミキシングでの自然な定位には，個別の楽器にかけられたリバーブの効果も貢献しています．いろいろな楽器の音を重ねたあとにリバーブをかけると，鮮明さが欠けますがライブ感は増します．

■ 製 作

● ブロック図

全体の回路ブロックを**図4**に示します．ディレイ回路は1つなので，モノラル・ミクスして入力します．

図5にディレイ回路とコントロール回路をもう少し詳しくしたブロック図を示します．BBDのクロック周波数を揺らすために，コントロール回路の内部には低周波発振器(LFO)があります．フット・スイッチとの接続方法，切り換えノイズの小さい電子スイッチ，コンプレッサ/エキスパンダによるノイズ低減など，他のエフェクタにも参考になると思います．

● アナログ方式の遅延素子BBDを使う

今回は，アナログ方式で遅延を行う代表的なデバイスとしてBBDを使います．

BBDの原理を**図6**に示します．バケツ・リレーで水を送るように，2相クロックでスイッチを交互にON/OFFし，隣のコンデンサに電荷を転送することで，信号を遅延させます．遅延時間はBBDの段数とクロック周波数で決まります．

入手しやすいのは1024段のV3207D(Cool Audio)です．遅延時間は2.56 m〜51.2 ms(クロック周波数10〜200 kHz)になります．

BBDを動かすときに便利なドライバICがV3102です．動作に必要な2相クロックと，バイアス電圧V_{GG}を発生します．少ない部品でBBDを利用できます．

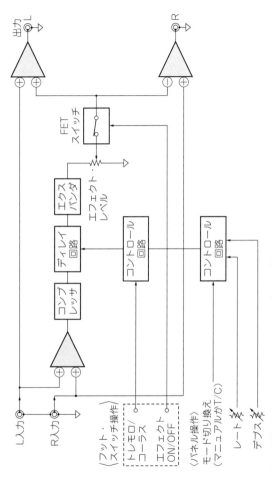

図4 製作したコーラス・エフェクタのブロック構成

出力 L

R

FET
スイッチ

エクスパンダ

ディレイ
回路

コンプ
レッサ

エフェクト・
レベル

コントロール
回路

コントロール
回路

L入力

R入力

〈フット・スイッチ操作〉

トレモロ／
コーラス

エフェクト
ON/OFF

〈パネル操作〉

モード切り換え
(マニュアルかT/C)

レート

デプス

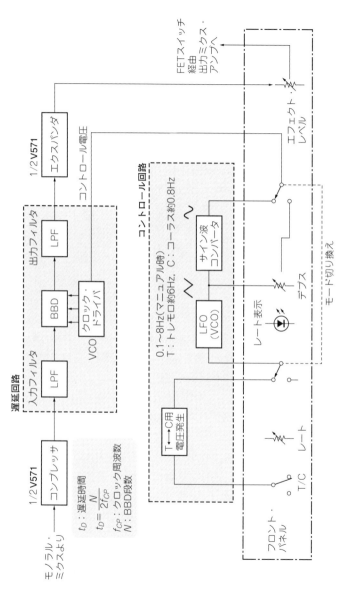

図5 ディレイ回路とそのコントロール回路の詳細なブロック構成

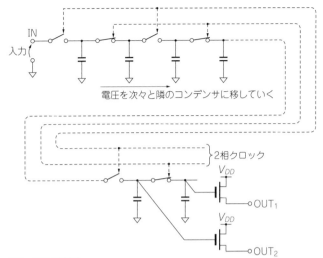

図6 BBDの原理
電荷を確実に隣のコンデンサへ移すため，コンデンサのGND側電位も変化させるが，
ここでは省略

　ドライバICは，入手が難しければ必ずしも必要なわけではありません．2相クロックを汎用ロジック・ゲートICで生成すればBBDを駆動できます．バイアス電圧 V_{GG} は，$V_{CC} \times (14/15)$ が得られればいいので，電源を分圧して作れます．

● BBD前後にはクロック・ノイズを落とすローパス・フィルタを追加する

　BBDにクロック周波数の1/2以上の信号を入力すると，変な信号が発生します．振幅方向はアナログですが，時間方向にはサンプリングをする回路なので，A-Dコンバータと同様に折り返しが発生するためです．これを防ぐために，入力にはLPFが必要です．
　LPFのカットオフ周波数は10kHzと低めにしています．クロック周波数は，変調されているため低くなることがあります．そのときでも，カットオフ周波数がクロック周波数の1/2以下にな

るようにします．

　LPFのカットオフ周波数を高く，例えば7k〜8kHzにすると，高域まで遅延が行われてクリアなサウンドが期待できます．その半面，原音と加算した際にフェージングの強いキリキリ感のあるコーラス音となります．オルガンなどを想定した場合は耳障りになりやすいところです（対策としてLPFの$3.3\mathrm{k}\Omega$を$6.8\mathrm{k}\Omega$などに変更する）．

　BBDの出力も同様にLPFを通して出力します．

コラム　オルガン用の超ウネウネ・トレモロ効果システム　ハモンド・レスリー・スピーカ

　楽器の世界では，オルガン用にトレモロ/コーラス効果を得る方法として回転スピーカがありました．有名なのはハモンド社のレスリー・スピーカです．スピーカの回転によるドップラー効果により変調された音と原音が干渉して生じる代表的なオルガン・サウンドです．

　スピーカの回転速度は高/低を切り換えることができ，低速では広がりをもった豊かなダブったような音（コーラス）になります．高速ではコロコロとしたアクセントのある音（トレモロ）になります．手元で速度切り換えができて，回転速度の高低を切り替えると高速→低速，低速→高速の中間の数秒に，独特の音色変化が出ます．演奏にも音色変化を活用していました．

　遅延回路で回転スピーカの効果をシミュレーションしたのが，今回作ったコーラスです．

　実際のレスリー・スピーカは低音と高音の2ウェイに分割（クロスオーバ周波数は約800Hz）されていて，高音は開口が2方向のホーン，低音の開口部は1方向です．そういった物理的な構造もヒントにして2チャネル・ステレオ効果回路を工夫すれば，広がりを持った，空間で音が回転する効果を出すことができるかもしれません．

● コンプレッサとエキスパンダでBBDのノイズを低減

BBD特有のノイズを減らすには，S/Nを高くする，つまりなるべく大きな信号を入力したほうが有利です.

入力バイアス調整を設けて，なるべく大きな信号が扱える動作点に設定します. 振幅の大きな信号を入力し，上下の波形クリップが均等になるよう調整します.

本器では，さらにコンパンダICを使用しました. 入力信号を一度コンプレッサ回路に入れて，小さな信号を大きくしてからBBDに入力します. BBDに通したあとは，エキスパンダ回路を通して元に戻します.

コンパンダの定番はSignetics社のNE570やNE571ですが生産中止品です. しかしセカンド・ソース品のV571（Coolaudio）が使えます.

コンプレッサ/エキスパンダの入出力特性とひずみを**図7**に示します. エキスパンダの出力は，入力に対してほぼ−10dBなので，

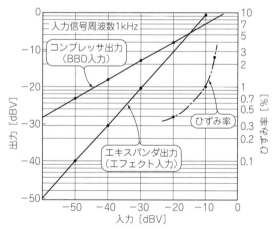

図7 コンプレッサ回路とエキスパンダ回路を通った総合特性
コンプレッサ後に振幅変化が小さくなっていること，エキスパンダ後は比例特性が得られていることがわかる

リニアな特性が得られています．振幅が大きくなるとひずみます．

● **遅延時間をゆっくり動かす**

　遅延時間をゆっくり時間変化させるのがステレオ・コーラス効果の原理です．遅延時間は，BBDへ供給する2相クロックの周波数で決まります．つまり，遅延時間の変化は，クロック周波数を変化させて実現できます．

　BBDドライバIC内蔵の発振器が，入力電圧で発振周波数が変わるVCOとして動かすことができます．入力電圧－発振周波数特性を図8に示します．

● **VCOへの変調信号を作る低周波発振器LFO**

　BBDのクロックを作るVCO(Voltage Controlled Oscillator)には，0.1〜10Hzくらいの低い周波数の三角波またはサイン波を入力してクロックに変調をかけます．低い周波数を作るのが低周波発振器(LFO)です．

　ただのコーラス効果なら，ロジック・ゲートICをアナログ的に使った発振回路で良かったのですが，今回はオルガン用にトレモ

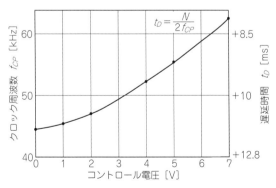

図8　ディレイ回路の遅延時間/クロック周波数の電圧制御特性

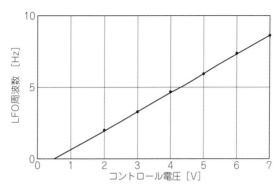

図9 低周波発振器LFOの制御電圧と発振周波数

ロとコーラスの間を再現したかったので，ひずみの少ない正弦波を作れるOPアンプを使った回路を採用しました．LFOの入力電圧-発振周波数特性を**図9**に示します．

● 遅延信号を左右逆相で加算するとステレオ感が出る

遅延回路が1系統なので，加算アンプで左右をミクスし，モノラル化してからコーラス効果をかけます．

遅延信号を元信号へミクスした結果，周波数特性がとびとびになるくし歯（comb）フィルタができます．

広がりを作るために，遅延信号は，左右では逆相になるように加算します．くし歯フィルタの聞こえる周波数が左右で交互に並ぶため，聞こえ方が左右で異なります．その結果，立体的なステレオ感が出ます．

ステレオ効果はスピーカなどに出して空間で感じる効果なので，部屋の影響などを強く受けます．ステレオの構成にするとスピーカのセッティングの違いによる変化も画一化でき，再現性のある実験ができます．

私はエフェクタの音出しにフルレンジ・スピーカを使っていま

す．スピーカがマルチウェイだと音の定位が不完全になりやすいので，対策の意味もあります．

● FETスイッチでソフトにON/OFF

古くから電子楽器で使われる定番のFETスイッチ回路を使います．アナログ領域の動作を利用して，切り換えノイズを柔らかくしています．

電気的にはCMOSアナログ・スイッチなどを使いたくなりますが，演奏では音の出ている間に切り替えることも珍しくありません．すると，シャープなスイッチングでは異音や雑音が出てしまいます．

回路実装の面でも，複数のスイッチが1チップに入ったアナログ・スイッチICよりFETの方がレイアウトしやすいでしょう．

● 基準電圧，1/2V_{cc}回路

出力に高性能コンデンサを使用しなければ，実用となる回路です．もし不安定や不安があるなら出力コンデンサを外します．

● 製作のヒント

・ロータリ効果が不要なら簡単なLFO（p.103の**図5参照**）に置き換える．
・ノイズリダクションが不要ならコンパンダ回路をバイパスする．
・元音をカットして変調音だけを利用すればビブラート効果になる．

■ 製作後の調整

基板上に調整箇所（半固定抵抗）が2つあります．
▶調整1…BBDのバイアス調整
音声信号として1kHzなどのサイン波を入力し，出力波形をオ

シロスコープなどで観測します．波形の上下クリップが対称になり，入出力レベルが最大となるよう設定します．

▶調整2…BBDの2相クロック発振周波数調整

　周波数変調がないときの遅延回路の遅延量を決める周波数を調整します．周波数変調の深さ（LFOのデプス）を最大としたときでも，変調がクリップしない範囲に設定します．クリップしない範囲なら，音色の好みで決めてください．自然な感じを優先するなら，LFOの発振周波数を高め，遅延量は少なめにします．強い効果を期待するなら，LFOの周波数は低め，遅延量は長めが良いでしょう．

＊

　エフェクタが組み上がり，調整，そして実際に接続しての試奏は楽しいものです．得られるサウンドとパラメータの種類や変化幅，そして統合機能評価は大切です．回路・機能・実際の音が融合するところでもあり，技術ノウハウが身に付くところでもあります．

　アナログ方式の利点は，パラメータを変化させたときに音色の破綻が少なく，新しい効果や奏法方法が発見できることです．シミュレーション型のディジタル方式ではなかなか難しい部分です．

　遅延関係では，基本的効果がコーラスです．遅延回路での変調の仕方次第では，複雑な処理になりますがキー・コントロールのように音の高さを変えることも実現可能です．

コーラスの回路を少し変更して
フランジャに作り替える実験

■ フランジャの効果

　フランジャはコーラスと兄弟関係の遅延系エフェクタです．ジェット機が頭上を通り過ぎていくとき，直接音と反射音が干渉しますね．フランジャの効果はこれに似ています．

　音作りはフェイザと似ていますが，無機質で金属感のあるところが独特です．昔，オープン・テープ再生で，リールのふち（フランジ）をいじって信号を干渉させて出した効果が名前の由来です．

　フランジャは干渉を利用したフィルタなので，効果の具合は入力ソース次第です．高調波の多い音やノイズ的に全帯域にわたって成分が分布する音には強く効果がかかります．

　フランジャの効果を金属的なジェット・サウンドと言ったりしますが，そのような入力ソースとの組み合わせた場合の話です．

● 動作原理

　フランジャのブロック図を**図A**に，周波数特性を**図B**に示します．遅延した信号を元信号と加算すると，遅延時間がちょうど周

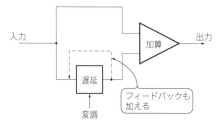

図A　フランジャのブロック図

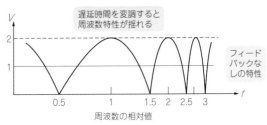

図B　フランジャの周波数特性

期の整数倍の信号では2倍に増強され，整数倍と半周期ずれる周波数の信号は打ち消されます．全帯域にわたり，**図B**のような櫛形のフィルタが形成されます．

　LFOにより遅延時間をゆっくりとした周期で変化させると，櫛形のスペクトラムが揺れて特殊な効果となります．元信号と遅延信号のミックスで干渉してできる櫛形フィルタの出力を入力に帰還して，さらに強い癖を持たせます．

● コーラスとの違い

　ディレイ回路で得た遅延信号を元信号と加算する，ディレイ回路の遅延時間をLFOで変調する，という回路構成はコーラスとほぼ同じです．

　フランジャでは遅延時間が比較的短いこと（フランジャは0.1～15ms，コーラスは5～30ms），出力信号をフィードバックして強いフィルタ効果を作れることが，コーラスと異なります．

■ フランジャへの改造

　BBDの3207（1024段）を遅延時間が短いMN3206（128段）に差し替えることで，フランジャの実験が可能です．フランジャでは，エフェクト・レベルは固定，エフェクト・レベルで使っていたボリュームの配線を変えてFB（Feedback）レベルとして使います．

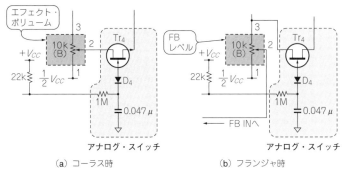

（a）コーラス時　　　　　　　　　　　（b）フランジャ時

図C　コーラスからフランジャに変更するには回路を一部修正する

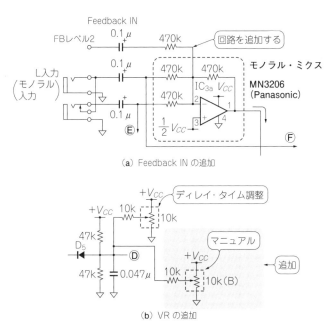

（a）Feedback IN の追加

（b）VR の追加

図D　フランジャに変更する際は回路を追加する

フランジャの特有の音はFBによる音でもあります. 図Cに示すように回路を変更し, さらに図Dに示すように回路を追加します.

　FBレベルを最大としたときに発振音が出る場合があります. こうした動作をするフランジャの製品もありますが, 好みでない場合はFBレベルのVRの3番端子の配線に抵抗(4.7kΩなど)を入れて発振しないように調整します.

　D.Timeを可変してみて, 好みの音色が得られるように図D(b)で追加したVRを調整します.

● フランジャの音色調整

　可変範囲はコーラスよりも広げる必要が出る場合もあります. 遅延系の帯域により音の印象が変わります. 帯域を広げるには図Eに示すように入力LPFと出力LPFの抵抗を3.3kΩに変更します. ただし, 素子のばらつき次第で, D.Timeによってエイリアスが目立ってしまう場合は, LPFのカットオフ周波数を下げます(3.3kΩを4.7kΩや6.8kΩに変更).

　遅延系の帯域により効果の印象は変わりますが, フィードバックが上がるほど特徴が顕著です.

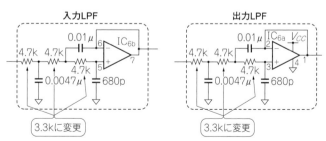

図E　可変範囲を広げるには入力LPFと出力LPFの抵抗値を変更する

ファンキー・グルーブON！「フェイザ」

　フェイザは，うねるような柔らかい音色変化を作ったり，ノイジーな音と合わせてジェット機のような音を作ったりできるエフェクタです．エレキ・ギターのファンキーなカッティングや，エレクトリック・ピアノの甘く滑らかな音色変化でよく使われます．

　周波数特性に山谷を作るので，入力ソースの周波数特性により効果に差が出ます．シンセサイザのノコギリ波やパルス波，ノイズ・ジェネレータの音，ディストーションをかけたギターの音など高調波の多いソースに非常に強い効果があります．

　エレクトリック・ピアノのコロンコロンとした音に薄くフェイザをかけて，トレモロ的な音を作ることもあります．

■ 動作原理

● コーラス同様に発想の源はロータリ・スピーカ

　もともとは，ロータリ・エフェクト(回転スピーカの効果)を位相領域でシミュレーションしようとしたのが起源だと言われています．発祥としてはコーラス・エフェクタに似ています．

　フェイザは，位相が回転した信号を作って元信号と重ね合わせます．これに対してコーラスやフランジャは，時間遅れのある信号を作って元信号と重ね合わせます．時間遅れは周波数が高くなるほど大きな位相変化になるのですが，フェイザが使う位相回転は回路で上限が決まります．使われるデバイスが違うこともあり，コーラスやフランジャとは効果，音色とも違います．

　もちろん，回転スピーカの音色とも異なります．一般にはフェイザのほうがより甘く丸い音です．

● 位相だけを変えるフィルタの出力を元の信号と重ね合わせる

　最近はフェイザと呼ぶことが多いのですが，昔はフェイズ・シフタと呼んでいました．その名のとおり，位相を偏移（シフト）させて効果を得ます．

　周波数に対して位相だけ変化した信号を作り，それを元信号と加算するのがフェイザの原理です（**図1**）．位相変化が180°のときは逆極性なので打ち消し合い，位相変化が360°のときは加算されて倍になります．周波数特性に山谷が現れることになります．

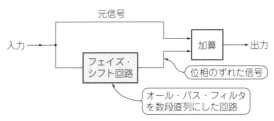

図1　フェイザの原理
オール・パス・フィルタを使ったフェイズ・シフト回路で位相を回す

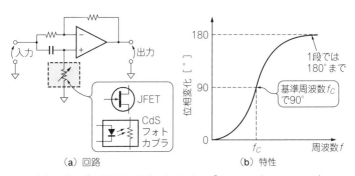

図2　振幅を変えずに位相だけ回すことができる「オール・パス・フィルタ」
この回路がフェイザの心臓部

図2に示したオール・パス・フィルタの位相は，基準周波数f_Cで90°変化していて，最大180°まで変わります．

　2段直列接続すると，基準周波数で180°の位相変化となります．元信号と加算すると，180°位相が回った周波数では打ち消してディップが生じ，0°（＝360°）では2倍の出力となります．

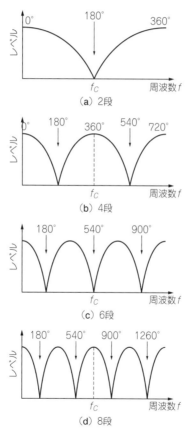

(a) 2段

(b) 4段

(c) 6段

(d) 8段

図3　オール・パス・フィルタの段数とフェイザの周波数特性

実際にあるフェイザの製品を調べると，2段から12段です．段数が増えるほど山谷の数が多くなります．**図3**に示すように，2段ではディップが180°の1つだけですが，4段では180°と540°の2点にディップが生じます．

● 周波数の山谷の位置を変化させる

オール・パス・フィルタの基準周波数を変えると，ディップを生じる周波数が変化します．低周波発振器(LFO)で基準周波数を揺らすことで，フェイザ独特の音色が生まれます．

広い周波数レンジで滑らかな変化を得るには，コントロールの変化カーブを指数関数的にしたほうが良いと思います．ただし，アンチログ・アンプの追加が必要になり，回路規模は大きくなります．

● オール・パス・フィルタの抵抗を可変する方法

基準周波数を変えるには，オール・パス・フィルタに使う C か R のどちらかを変化させます．

オーディオ帯域に使う容量値では，C の値を変化させるのは現実的でありません．抵抗を変えるほうが簡単です．フェイザ回路は，可変抵抗素子にどんなデバイスを使うかでバリエーションが生まれます．

▶方法1…JFETを使う

昔からよく用いられているのはJFETです．ゲートの印加電圧でドレイン－ソース間抵抗が変わることを利用して，可変抵抗素子に使います．

ばらつきやダイナミック・レンジを考えると有利ではありませんが，小型安価なので，ギター用コンパクト・エフェクタによく利用されました．ばらつきは選別によりそろえます．

　フォトカプラの音が一番ストレートです．ラック・タイプのフェイザでは，高価ながらより大きな抵抗値変化が得られるCdSフォトカプラ（アナログ・フォトカプラ）が採用されました．CdSフォトカプラは，光で抵抗値が変化する素子CdSと，電流を流すと発光するLEDを組み合わせたものです．LEDに流す電流でCdSの抵抗値を変化させます．

　LCR0203は安価で高感度，入手性も良好です．

▶方法3…可変コンダクタンス・アンプを使う

　可変コンダクタンス・アンプを利用する方法です．コンダクタンスとは電流の流れやすさのことで，インピーダンスの逆数です．可変コンダクタンス・アンプは，コンダクタンスを電圧や電流で制御できるアンプです．アナログ・シンセサイザの電圧制御アンプ（VCA）や電圧制御フィルタ（VCF）でよく使われるデバイスです．これも電圧または電流制御用の可変抵抗として利用できます．

　可変抵抗素子に何を使うかは，変化する感じや音色そのものが変わるため，音作りに重要な要素です．

● 音色調整する回路

　ディップ・ポイントの変化はLFOで制御します．LFOの発振周波数（Rate）やLFOによる変調幅（Depth）を可変できるようにして，さまざまな変化を作ります．

　さらに，出力を入力に正帰還して共振（レゾナンス）を作り，個性の強い音を作り出します．レゾナンスの調整ができるようにボリューム（Reso）を設けます．

■ 回　路

● 可変コンダクタンス・アンプを可変抵抗素子に使う

　フェイザの回路ブロックを図4に，回路図を図5に示します．

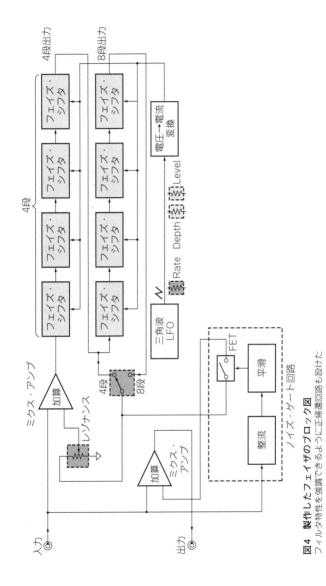

図4 製作したフェイザのブロック図
フィルタ特性を強調できるように正帰還回路も設けた

入力

出力

ミクス・アンプ

加算

レゾナンス

4段

フェイズ・シフタ

フェイズ・シフタ

フェイズ・シフタ

フェイズ・シフタ

4段出力

8段出力

フェイズ・シフタ

フェイズ・シフタ

フェイズ・シフタ

フェイズ・シフタ

4段 8段

三角波LFO

Rate Depth Level

電圧-電流変換

加算

ミクス・アンプ

整流

平滑

FET

ノイズ・ゲート回路

抵抗可変素子には可変コンダクタンス・アンプを使いました.

　過去の製品や製作例での採用は少ないのですが,他の可変抵抗素子よりも大きな可変範囲(およそ1000：1)が得られます.そのほか,入手性,部品のばらつき,実装スペースなどの条件で,比較的課題が少ないと感じます.

● 可変コンダクタンス・アンプIC LM13700を利用

　シンセサイザやエフェクタで使われる可変コンダクタンス素子としてはCA3080(RCA)が有名ですが,今回の目的にはLM13700(テキサス・インスツルメンツ)が有利です.

　LM13700はCA3080の改良的な位置付けであり,出力バッファ付きのうえ2個入りです.省部品,省スペースで,実装面のメリットもあります.セカンド・ソースにNJM13700D(新日本無線)があります.いずれも生産完了品ですが,NJM13700Dはインターネット通販で比較的簡単に入手できます.

　4段構成×2として,4段,8段が選べるようにしました.効果の強さも変化しますが,それ以上に変化感や音色が違います.

● 低周波発振器LFO

　変調信号を作るLFOは三角波発振器です.LFOの発振周波数は約0.1〜10Hzです.変調のアンチログ化はしていません.

● 無信号時の不快な音を防ぐノイズ・ゲート

　レゾナンスを上げると強く効果がかかりますが,残留ノイズも変調してしまい,無信号入力でもキリキリとした音が聞こえます.そこで,エフェクト出力にノイズ・ゲートを設けて,無信号時はエフェクトがかからないようにします.

　入力信号を整流し,その出力でJFETをONしています.CMOSアナログ・スイッチを使っていないのは,単純なON/OFFだとス

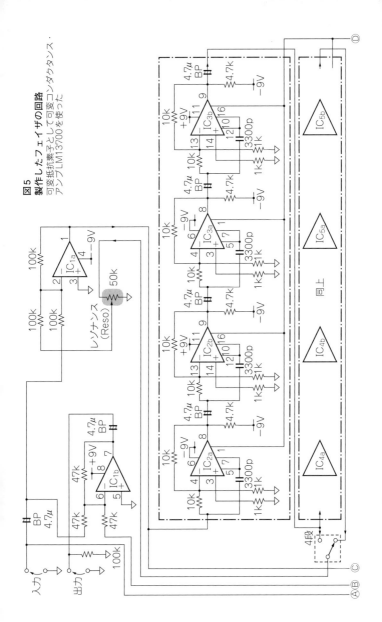

図5
製作したフェイザの回路
可変抵抗素子として可変コンダクタンス・アンプLM13700を使った

102

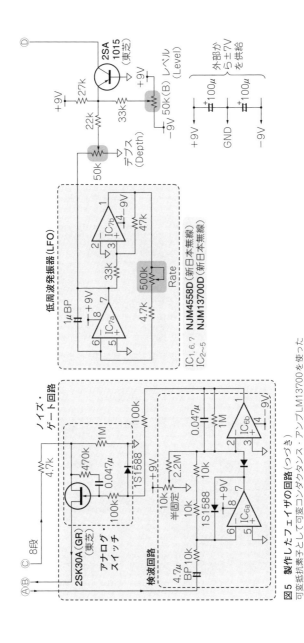

図5 製作したフェイザの回路（つづき）
可変抵抗素子として可変コンダクタンス・アンプLM13700を使った

低周波発振器（LFO）

1μ BP

+9V

IC_{7a}
6 − 8
5

IC_{7b}
1 − 4 −9V
2 + 3

33k

4.7k

500k
Rate

47k

$IC_{1, 6, 7}$　NJM4558D（新日本無線）
$IC_{2〜5}$　NJM13700D（新日本無線）

デプス
（Depth）
50k

22k

27k
+9V

2SA
1015
（東芝）
+9V

33k

−9V 50k(B) レベル
（Level）

GND

+100μ
−100μ

+9V

−9V

外部か
ら±7V
を供給

ノイズ・
ゲート回路

8段

4.7k

470k
1M

2SK30A（GR）
（東芝）

100k
0.047μ

アナログ・
スイッチ

1S1588
+9V

100k

検波回路

4.7μ
BP 10k

10k
半固定
10k

1S1588
+9V

IC_{6a}
6 − 8 7
5

2.2M
10k

0.047μ
1M

IC_{6b}
2 − 1
3 + 4 −9V

103

イッチング・ノイズが出てしまうためです．アナログ的にソフトなスイッチングをさせるために，あえてスイッチ素子に単体素子のJFETを使います．

■ 製 作

● ミニ・ラックに収める

写真1に示すように，自作の幅200mmのミニ・ラック仕様でまとめました．1mmアルミ板をL字に曲げ，その上にユニバーサル基板を取り付けてモジュール化しています．電源はラック側に設け，背面で供給接続しています．

このラックはエフェクタの追加や入れ換え，エフェクタ同士の組み合わせを可能としています．

● ノイズ・ゲートと変調中心調整

調整は，ノイズ・ゲートの閾値と，無変調時の位相変化量です．

ノイズ・ゲートは実際の音を聞き，音の消え際がスポッと切れない，かつ無信号でOFFとなるポイントになるよう調整します．無信号入力でレゾナンスを上げても出力が漏れないか，確認信号の消え際でOFFするときに不自然さがないかを見ます．

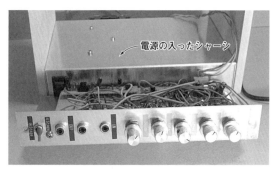

写真1　製作したフェイザはミニ・ラックに収めた
シャーシ兼フロント・パネルに実装

無変調時の位相変化量は，コントロール電圧のバイアスを変化させます．Depthを上げたとき，変化が均一になるように調整します．

■ 応　用

　可変コンダクタンス・アンプの入手が無理な場合はJFETを可変抵抗素子として製作する方法もあります．その際の回路を**図6**に示します．

　フェイズ・シフタ各段はOPアンプとなり，非反転入力とグラウンドの間にJFETが入ります．効果の深さは，各段のJFETによる抵抗値をそろえられるかどうかで変わってきます．I_{DSS}か，実際の抵抗値のどちらかで選別して，特性の近いものを使います．

　LFO出力は三角波ですが，ダイオードを使って近似正弦波にしています．

● 楽器に合わせてチューニング

　入力楽器の音程範囲や周波数バランスによっては，Cの値を変

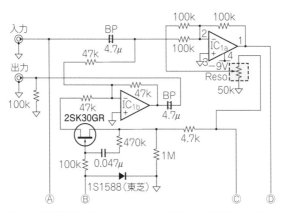

図6　可変抵抗素子としてJFETを使った場合の回路例(その1)
次ページに続きあり

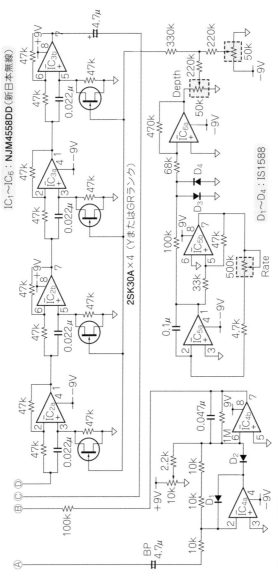

図6 可変抵抗素子としてJFETを使った場合の回路例（その2）

106

えたほうが，効果の印象が良くなります．こういった調整ができるところが，自作エフェクタの楽しさです．

　段数が多いぶん作業は大変です．とりあえず並列に容量を増やして実験するのが良さそうです．

● ギター・エフェクタにするには

　回路規模が大きいため，可変コンダクタンス・タイプでコンパクト・エフェクタにするのは少し無理があると思います．その際は4段のみに規模を縮小したほうがよいでしょう．

　入力アンプの抵抗は470k〜1MΩに大きくし，エフェクトON/OFFのバイパス・スイッチを増設する必要があります．

　JFETタイプで9V単電源化には，仮想グランドは4.5Vより高くして負側相当部分を確保する必要があります．

● 位相変化の制御電圧にいろんな波形を使う

　コンパクト・エフェクタでは，位相変化の制御電圧は三角波または疑似正弦波が一般的ですが，ラック・タイプのフェイザでは外部入力が可能になっているものがあります．電圧制御入力を設ければ，シンセサイザの他のモジュールから制御電圧を加えて，特殊な効果を得ることができます．

■ DSPマルチ・エフェクタでは出せない音が聴ける

　作ったフェイザの音を聞いてみると，昨今のDSP高速演算シミュレーションでもなかなかこの音の再現は容易ではないと感じます．シミュレーションでは，特定条件での音を似せる程度が限界で，アナログの真価は実態のある回路で動かしてこそ，と感じます．その感覚こそが，昨今の楽器のアナログ回帰，アナログの魅力であったりするのではないでしょうか．

1人が100人！
増殖系ハイパー・コーラス「アンサンブル」

■ コーラスのすごい奴

　アンサンブル・エフェクタを通すと，単音演奏でも多人数の弦合奏や管合奏風の音色になります．コーラスも複数奏者の音色になりますが，アンサンブルは，さらに多人数で演奏した感じの音になります．ストリング・アンサンブルだけでなく，ブラス・アンサンブルなど多重演奏的な音です．

　合奏音を得る方法として，テープ録音された音が演奏されるような仕掛けをもった「メロトロン」という楽器が1960年代にありました．

　シンセサイザを使った多重録音による弦楽合奏的な音もありました．録音を使わず電子的に合奏音を得るのがアンサンブル効果です．のこぎり波でも弦楽合奏のような多重音にできます．

● 起源

　アンサンブル・エフェクタは，電子オルガンの中にあった音色付加機能でした．その後，このエフェクトをかけた専用電子楽器「ストリング・アンサンブル」が1970年代に活躍しました．

　1980年代になると同時発音数が多いアナログ・シンセサイザ（ポリフォニック・シンセサイザ）が出てきます．アンサンブル・エフェクトをかけた音を出す役割は電子オルガンからポリフォニック・シンセサイザに置き換わりました．今は単体やシンセサイザ内蔵のマルチエフェクタの効果（ディジタル処理）として活躍しています．

初出：トランジスタ技術2015年8月号

■ 製作物と使い方

● 製作物

　製作したアンサンブル・エフェクタを**写真1**に示します．基板枚数が多く，電源トランスも内蔵したかったので，1Uラックにまとめました．ケースは組立前にパネルの穴開けを行います．

　キーボードからの入力やオーディオ機器からの入出力になるので，入出力端子はRCAピン・ジャックとしました．必要に応じて，φ6.3mmフォン・ジャックに置き換えてもかまいません．

（a）正面

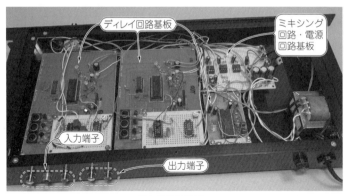

（b）背面と内部

写真1　単音演奏が多人数の弦合奏や管合奏風に大変身！ アンサンブル・エフェクタ

パネル面は，アンサンブル・レベル，アンサンブル・モード(3相2周波，3周波，変化なし)とシンプルです．

● 使い方

ポリフォニック・シンセサイザからのこぎり波を出力して，アンサンブル・エフェクタに入力すると，ストリング・アンサンブルの音になります．

ブラスのような音を入力するとブラス・アンサンブル，人間の声を入力するとヒューマン・ボイス・アンサンブルになります．ボコーダ出力を入力すると，合唱のような音になります．

エフェクトのON/OFFスイッチを付けるなら，ペダル・スイッチが良いでしょう．

イコライザを組み合わせて周波数特性を変えると音色のバラエティを増やせます．ストリング・アンサンブル，ブラス・アンサンブル，ヒューマン・コーラスなどの音色は音楽構成上も有用なので，音色フィルタとしてプリセットを用意すると便利そうです．

■ 原　理

● 変調したディレイを3系統以上重ねる

ディレイ回路の遅延時間に変調をかけるコーラスに近いのですが，遅延信号を多数用意して重ねます．

ディレイを3系統以上用意します．それぞれを別々の遅延時間で変調し，ピッチが微妙に異なる音を作ります．これらを重ね合わせることで，弦楽合奏などの多重感を出します．

変調方法には，いくつかの方法があります．

▶3周波数方式

図1(a)に示すように，3つの遅延系にそれぞれ異なる低い周波数の信号を加え，それぞれを足し込みます．

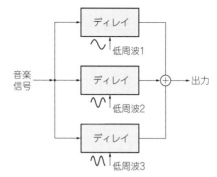

（a）モードⅠ：3周波方式

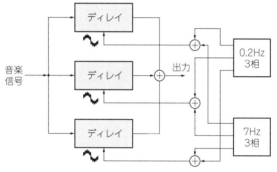

（b）モードⅡ：3相2周波方式

図1　アンサンブル・エフェクタの方式
ディレイを3系統以上用意，それぞれを別々の遅延時間で変調し，ピッチ
が微妙に異なる音を作り，重ね合わせる

▶3相2周波数方式

　図1(b)に示すように，0.2Hzと7Hzの2つの周波数の信号源を用意します．2つの信号源は，それぞれ位相が120°異なる3つの正弦波を出力して遅延系を変調します．

▶その他

　4系統の遅延系で変調するものもあります．

112

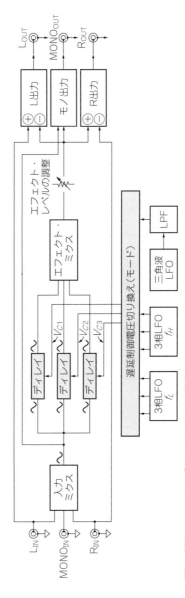

図2 製作したアンサンブル・エフェクタの構成
3周波数と2周波数3相を切り替えられるようにした

■ 回 路

　回路の全体構成を**図2**に示します. 3系統のディレイとその遅延時間を変調する制御回路で構成します.

　それぞれの回路ブロック単位で動作チェックしてから, 接続していくのが効率的です.

● ディレイ回路

　ディレイには, 比較的簡単な回路で作れるディジタル・ディレイIC M50197(三菱電機, RAMなど周辺回路を内蔵)を使います. **図3**にこのICを使ったディレイ回路を示します.

　ほぼデータシートの推奨回路どおりです. フィードバックやディレイ内での元信号との加算は不要で, 遅延だけを行います. 遅延時間はそれぞれのICで最少に設定します.

　ディレイの回路数が多いので, コーラスで採用したコンパンダやプリエンファシス/ディエンファシス, ノイズ・ゲートなどのノイズ対策回路も有効だと考えられます. しかし回路規模が大きくなるので, ここではいずれも搭載せず, シンプルなディレイ回路にしています.

● 電源回路

　図4に電源回路を示します. ディレイ回路の電源電圧は, ICを選んだ段階で自然と5Vに決まりました. 3つのディレイ回路が並列動作し, その遅延信号が出力で加算されることから, アナログ回路の電源は余裕のある±15Vです. 電源トランスに巻き線が複数なかったので, それぞれ別トランスで構成しました. 整流後, 3端子レギュレータで安定化しています. ディレイ回路が5V動作なので制御系の電源も5Vを選び, ロジックICをアナログ的に使っています.

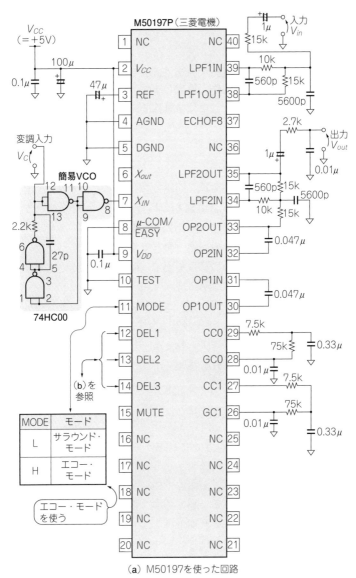

図3 製作したアンサンブル・エフェクタのディレイ回路(その1)
3回路ぶん必要

114

端子名				サラウンド・モード		エコー・モード	
μ-COM/EASY	DEL1	DEL2	DEL3	f_s	t_d	f_s	t_d
L	L	L	L	500	4.1	250	20.5
	H	H	L		10.2		41.0
	H	L	L		14.3		61.4
	L	H	L		20.5		81.9
	H	L	H	500	24.6	125	98.3
	L	L	H		30.7		122.9
	L	H	H		34.8		139.3
	H	H	H		41.0		163.8

* f_s, t_d は X_{in} に4MHzの信号を入力したときの値

(**b**) 12〜14番ピンの動作

図3　製作したアンサンブル・エフェクタのディレイ回路（その2）

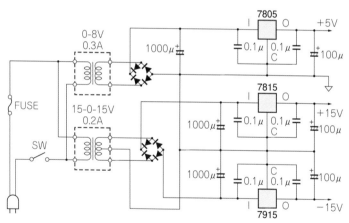

図4　製作したアンサンブル・エフェクタの電源回路
ディレイ回路に5V，ミキシング回路に±15Vを供給する

● 時間遅延を変調する信号を作る発振回路

　図5に発振回路を示します．3相2周波数は，ロジックIC 4069UBPを使った正弦波発振器です．インバータ4049BPのゲー

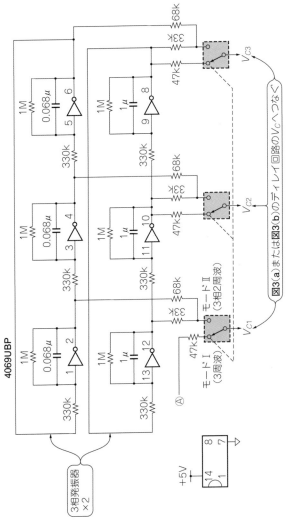

図5 製作したアンサンブル・エフェクタの発振回路（その1）
モードI（3周波数3相）とモードII（2周波数3相）が切り替えられる

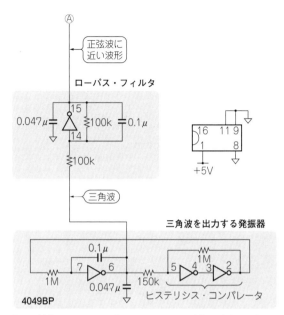

図5　製作したアンサンブル・エフェクタの発振回路(その2)
モードⅠ(3周波数)とモードⅡ(2周波数3相)が切り替えられる

トに帰還をかけ，アンプとして使っています．アンプとしては各
段約3倍のゲインです．

　ゲインが低いので，安定度やひずみ特性は良くありませんが，
今回の用途では，ある程度のひずみは許せます．トランジスタや
OPアンプを使った回路と比較して，ロジックICで簡単に作れる
メリットは大きいと思います．

　3周波数用には，もう1つ発振回路が必要です．こちらは多相の
必要がないので，4049BPで三角波を作り，ローパス・フィルタで
高調波を取り除いてサイン波としています．

　4049BPは4069UBPよりもゲインが高く発振しやすいので，ア
ナログ的に使う積分器やローパス・フィルタの場合は，出力に発
振防止のコンデンサが必要です．インバータ2段で正帰還をかけ，

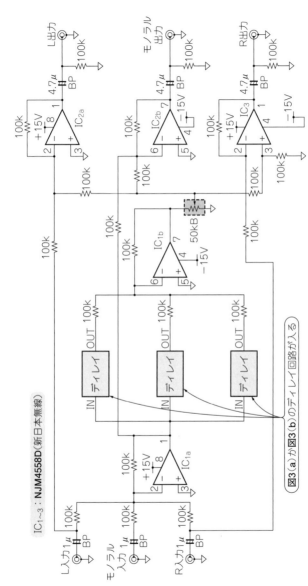

IC$_{1～3}$：**NJM4558D**（新日本無線）

（図3（a）か図3（b）のディレイ回路が入る）

図6 製作したアンサンブル・エフェクタのミキシング回路

L出力　4.7μ　BP　100k

モノラル出力　4.7μ　BP　100k

R出力　4.7μ　BP　100k

IC$_{2a}$　+15V　100k

IC$_{2b}$　−15V　100k

IC$_3$　+15V　−15V　100k

100k　100k　100k

IC$_{1b}$　50kB　−15V

100k　100k

OUT　100k　ディレイ　IN

OUT　100k　ディレイ　IN

OUT　100k　ディレイ　IN

IC$_{1a}$　+15V　100k

L入力 1μ　BP　100k

モノラル入力 1μ　BP　100k

R入力 1μ　BP　100k

ヒステリシス・コンパレータとして動作させている部分は，ディジタル的な動作です．

　今回はモードⅠ（3周波数）とモードⅡ（2周波数3相）が切り替えられるようにしました．3接点のロータリ・スイッチを使って，変調なし固定遅延のモード（音場拡大効果でアンサンブルではない）も可能にしました．

　ディレイ回路をもう1つ追加すれば，2相2周波数でディレイを4個使ったアンサンブルも実現できます．

● ミキシング回路

　図6にミキシング回路を示します．

　入力端子は，モノラルとステレオの両方を用意しました．信号処理はモノラルなので，LとRを加算して，遅延回路に入力します．

　遅延/変調された3つの信号は加算し，アンサンブル・レベル調整用のボリュームを通したのち，左右逆相に加算します．

■ 組み立てと部品の入手

　M50197は廃品種で，入手しにくいかもしれません．入手しやすいディジタル・ディレイIC PT2399（Princeton Technology）や，アナログ・ディレイICのBBDでもアンサンブル・エフェクタを構成できます．ただし，遅延時間が変わるので変調度などの再調整が必要です．

　PT2399を使うときは，クロック周波数を外部制御するか，外部で可変クロックを作って入力します．BBDを使うときは，1024段のV3207D（Coolaudio）を使うとよいでしょう．

3-1　西海岸のさわやかロックからムーディなジャズまで

5バンド・グラフィック・イコライザ

　イコライザは，もともとスピーカや部屋の音響特性を補正して，平坦な周波数特性を得るためのエフェクタです．しかし楽器分野では，積極的に周波数特性に山谷を作り，音作りや音色補正に使われます．音色を扱うエフェクタですが，オーディオなどでも使われるのでエフェクタという感覚は薄いかもしれません．

　周波数特性をどのように変化させるのか，視覚的にわかりやすくなるように周波数帯域を分割し，多数のボリュームを並べて周波数調整できれば，設定が一目で分かります．設定が視覚的（グラフィカル）に把握できることから，グラフィック・イコライザと呼びます．周波数の分割数をバンドと呼び，多いものでは31バンドという製品があります．

■ グラフィック・イコライザを利用した音作り

● 用途によって帯域の分割数が異なる

　扱う周波数ごとに調整ボリュームがあり，隣りの周波数に被らないように，山谷の形（回路的にはQという値）が設定されます．補正する周波数を30バンド以上に小刻みに分割できるスタジオ録音用などの機種もありますが，素子数の少ない機器では最高，最低バンドだけ周波数を切り替えたり，シェルビング・タイプ・イコライザを使ったりして，上下限をカバーする工夫もできます．調整できる周波数バンドの数は，使用目的に合わせて選びます．

初出：トランジスタ技術2015年12月号

写真1 5バンド・ステレオ・グラフィック・イコライザを製作
それぞれの周波数の調整範囲は±20dB

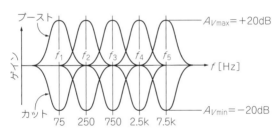

図1 5バンド・グラフィック・イコライザの周波数特性
ローエンドは周波数切り替えまたはシェルビング・タイプの製品もある

　今回作ったものは，主にエレキ・ギター用を想定しつつ音楽制作用にも使えるように，ステレオで5バンドとしました（**写真1**）．**図1**のように周波数特性を変えられます．

　エレキ・ギターではトーン・コントロールを音色調整に使いますが，ハイカット型のものが一般的で，多くてもせいぜい3バンド（低音，中音，低音）でしか調整できません．グラフィック・イコライザは，もっと細かい周波数特性の調整に使います．

● 部屋やスピーカの補正や特徴的な音作りまで

　部屋やスピーカ，音楽ソースの補正といった控えめな用途から，演出のために電話やラジオから聞こえるような音を再現するなど，特徴的な音作りまでが可能です．楽器用エフェクタならモノラルで十分ですが，ステレオのほうが利用機会は多いでしょう．

　人間の聴覚は1〜4kHzの感度が高いので，視覚的なボリュームの位置をあまり意識しすぎないことが音作り上のポイントです．

● 他のエフェクタと組み合わせる

▶ディストーションの音色を調節する

　発生するひずみ音が気に入らない，もしくは派手すぎる場合，グラフィック・イコライザで調整して，好みのエフェクトに合わせ込む，という方法です．この手順を想定して，強く効果を出しておくというテクニックもあります．ディストーションの前に置くとブーストした周波数成分からひずみを生じるので，後に置いた場合とは違った音作りができます．

▶リバーブで発生する残響分を加工する

　なかなか良質な効果を得るのが難しいリバーブですが，残響音をグラフィック・イコライザで加工すると，滑らかな音や特徴的な音に調整できます．

　この場合，リバーブ・エフェクトの機器から残響音だけを出し，外付けのミキサで直接音とミクスするように使えば，残響音だけにグラフィック・イコライザの効果をかけられます．

▶ディレイのフィードバック成分にかけて特徴的な音を出す

　ディレイ信号をフィードバック・ループの外に出して，グラフィック・イコライザを通したのち，ディレイの入力ミクスに返します．ディレイにインサート機能がなければ外部ミキサで加算します．グラフィック・イコライザをループ内に入れるフィルタとして使うことになるので，特性はループを通るたびに強調され，

音色を大きく変えられます.

■ キーになるゲイン調整回路

● 特定周波数のブースト/カットを実現する回路

アナログ回路で作るグラフィック・イコライザは,LCR直列共振回路を応用して作られます.基本回路を**図2**に示します.LCR直列共振回路のインピーダンスZは次式で求まります.

$$Z = r + j\left(\omega_L - \frac{1}{\omega C}\right)$$

ただし,ω:角周波数 [rad/s],$\omega = 2\pi f$

共振周波数では$\omega = 1/\sqrt{LC}$です.このとき虚数部がなくなり,$Z = r$になります.

ボリュームをブースト方向に振り切ったときは,**図3(a)**に示すように非反転アンプになっています.rがR_2に接続されるので,ゲインA_{boost}[倍]は次式で求められます.

$$A_{boost} = \frac{r + R_2}{r}$$

ボリュームをカット方向に振り切ったときは,**図3(b)**に示す

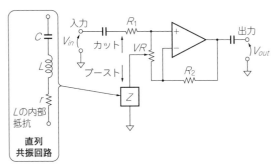

図2　グラフィック・イコライザの基本回路
LCR共振回路の共振周波数においてブーストからカットまでをボリューム1つで可変できる

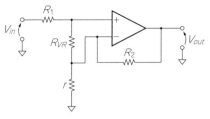

（a）最大ブースト時

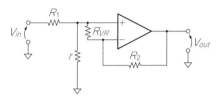

（b）最小カット時

OPアンプのゲインが十分大きければ
＋入力と−入力の電位差はゼロと見な
せる（バーチャル・ショート）のでR_{VR}
に電流は流れないと考える

図3　共振周波数における最大ブースト/最小カット時の等価回路
共振周波数だと，LCR共振回路は内部抵抗rだけに見える

ようにボルテージ・フォロワになります．入力はR_1とrより分圧
されているため，全体の増幅率A_{cut}［倍］は次のようになります．

$$A_{cut} = \frac{r}{r + R_1}$$

　ボリュームが中央のときは，**図4**に示すように抵抗の比を考え
ると，$R_1 = R_2$でフラットな周波数特性が得られます．

● **共振回路のLはCRと増幅回路でコンパクトに作れる**

　ピーキング特性は，LCR直列共振回路で得られます．1960年代
ころの製品では，原理どおりにコイルやコンデンサ，抵抗を使っ

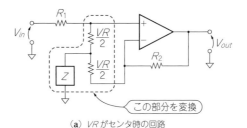

（a）VR がセンタ時の回路

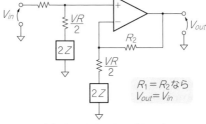

$R_1 = R_2$ なら
$V_{out} = V_{in}$

（b）ゲインを求めやすい等価回路

**図4 ボリューム（VR）がセンタ位置なら周波数特性は
フラットになる**
フラットな周波数特性が必要なときはボリューム設定をセン
タ値にすればよい

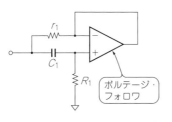

（a）シミュレーテッド・インダクタ回路

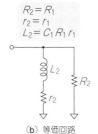

$R_2 = R_1$
$r_2 = r_1$
$L_2 = C_1 R_1 r_1$

（b）等価回路

**図5 共振回路のインダクタ（L）は，抵抗やコンデンサ，OP アン
プでコンパクトに作れる**
この回路で作ったインダクタをシミュレーテッド・インダクタという.
素子をトランジスタで構成した製品もある

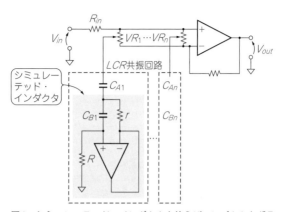

図6　シミュレーテッド・インダクタを使えばコンパクトなグラフィック・イコライザを作れる
共振回路と VR のセットを並列にしていけばバンド数は自由に増やせる

た製品もありました．しかし，コイルを使うと，直流抵抗の小さい理想的なコイルは小型にならない，誘導ノイズを受けやすい，などの課題があります．トランジスタやICが一般的になった後の製品では，コイルの代わりにアンプと CR 部品で構成される回路「シミュレーテッド・インダクタ」を利用するのが普通です．シミュレーテッド・インダクタの回路を**図5**に，それを利用したグラフィック・イコライザの回路構成を**図6**に示します．

■ 設計と製作

● 5バンド＆ステレオで構成

　一般的なグラフィック・イコライザのバンド数は，5，7，10などです．ピーキング周波数は，オーディオ帯域をログ・スケールで見て均等になるよう配置します．つまり，隣り合うピーキング周波数の高いほうを低いほうで割った値がほぼ一定になるように決めていきます．

　7〜10素子のグラフィック・イコライザ回路は，ピーキング周

波数の間隔が1オクターブとなることが多いようです．間隔が1オクターブ(octave)とは，高いほうの周波数が低いほうの周波数の2倍であることを示します．

楽器の音作りだけでなく，音楽制作にも使えるように，ステレオ(2チャネル)構成とします．回路が2倍の規模になるので，少なめの5バンドにしました．

コラム　楽器以外にも！ グラフィック・イコライザの用途

● オーディオ用

今回製作したものと同じ5バンドでもオーディオ用なら，間隔を2オクターブにしてカバー範囲を拡げ，63Hz，250Hz，1kHz，4kHz，16kHzの5バンドにすることが多いでしょう．ただし，十分に再生できない周波数を調整できても意味がないので，上限と下限の周波数はアンプやスピーカに合わせて検討します．

オーディオ用のグラフィック・イコライザだと，最も高いピーク周波数を10kHzかそれ以上にするのが一般的です．しかし楽器用の10kHzは楽器音の成分よりもノイズが多い周波数なので，一番高い周波数でも10kHz未満にします．

● 部屋の音響特性の補正

PA(Public Address，施設内の音響やイベントでの拡声など)では，大きな音量を確保することが必要なので，部屋などが原因で発生するピークやハウリングを抑えるために重要な機器です．

▶PA用には細かな調整ができる多バンドのグラフィック・イコライザが必要

スピーカや部屋の音響補正には，1オクターブ間隔程度では細かい補正が難しく，1/3オクターブ間隔程度を必要とします．その結果，31バンドなど多バンドになります．そのぶん Q が高くなり，使用するOPアンプの数も多くなります．ノイズ特性や変化特性の確保に技術が必要です．

● ギター用にピーキング周波数を決める

　ピーキング周波数を1オクターブ間隔に設定するとオーディオ帯域全体をカバーできなくなります. 楽器の音色を調整する場合, 重要な周波数を選びます.

　一番低いピーキング周波数は, ギターの6弦の開放音に近いところで75Hzに決めました. その上は, 中低域のパワーやモタリを調整しやすい250Hzとしました. この2つの周波数の比から考え, それ以上の周波数は, 750Hz, 2.5kHz, 7.5kHzとしました. 周波数の間隔は約3倍(およそ1.5オクターブ)です.

　楽器用の設計で素子数を増やす場合, 例えば7バンドなら, 100Hz, 200Hz, 400Hz, 800Hz, 1.6kHz, 3.2kHz, 6.4kHzといった感じにします.

　ちょうど良い値のコンデンサが得られないときは, 複数のコンデンサを並列接続して作ります. コンデンサを並列にせず, Qを少しずらしてピーキング周波数に合わせる方法もあります.

● 全体の回路

　5バンド・グラフィック・イコライザの回路を**図7**に示します. OPアンプは, NJM082DかNJM4558DDなどのオーディオ向けの汎用品を選びます. 入出力バッファと各バンドのシミュレーテッド・インダクタに1個ずつ必要です. ステレオなので, 1バンド当たりデュアルOPアンプを1個ずつ割り当てると, 作業しやすいでしょう.

　電源はダイナミック・レンジを決める重要なファクタです. ACアダプタは便利ですが, 片電源になり電源電圧が低くなってしまうので, ここではトランスを搭載して正負電源で±12Vとしました.

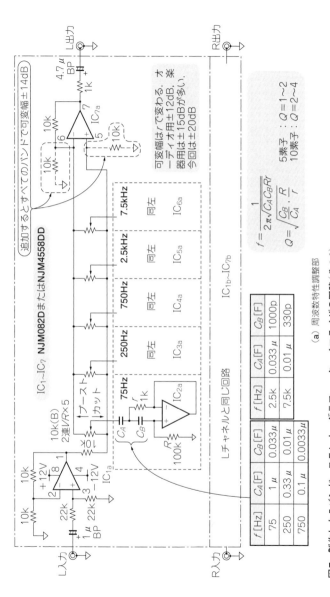

L出力

R出力

4.7 µ
BP
1k

追加するとすべてのバンドで可変幅±14dB

10k
10k
IC7a

10k   10k

可変幅はγで変わる。オ
ーディオ用は±12dB、楽
器用は±15dBが多い。
今回は±20dB

5乗子 ：Q＝1～2
10乗子：Q＝2～4

$$f = \frac{1}{2\pi\sqrt{C_A C_B R r}}$$

$$Q = \sqrt{\frac{C_B}{C_A} \cdot \frac{R}{r}}$$

IC1～IC7 NJM082DまたはNJM4558DD

7.5kHz

2.5kHz

750Hz

250Hz

75Hz

同左   同左   同左   同左

IC6a   IC5a   IC4a   IC3a

IC1b～IC7b

ブースト
カット

10k(B)
2連VR×5

+12V

－12V

10k   10k

22k   22k

IC1a

C_A
C_B

r
1k

IC2a

R
100k

L チャネルと同じ回路

f [Hz]	C_A[F]	C_B[F]
2.5k	0.033 µ	1000p
7.5k	0.01 µ	330p

f [Hz]	C_A[F]	C_B[F]
75	1 µ	0.033µ
250	0.33 µ	0.01 µ
750	0.1 µ	0.0033µ

+12V
+

1
8
2
3
4

10k

22k

L入力

1 µ
BP

R入力

(a) 周波数特性調整部

図7 製作した5バンド・ステレオ・グラフィック・イコライザの回路（その1）
主に楽器用を想定して調整周波数を選んである

129

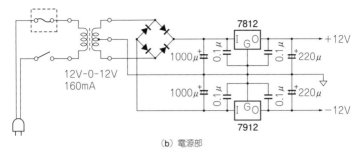

(b) 電源部

図7 製作した5バンド・ステレオ・グラフィック・イコライザの回路(その2)
主に楽器用を想定して調整周波数を選んである

● **製作**

　シミュレーテッド・インダクタ部分は，同じ回路を複数使うので，効率の良い配線を考えておくと楽です．ただし，ピーキング周波数が低いとコンデンサが大型化し，スペースを必要とします．部品配置はよく考えて行う必要があります．

　各素子のボリュームは，できればスライド・タイプを使いたいところです．スライド・ボリュームが入手できれば，文字どおりの視覚的(グラフィック)なインターフェースが実現できます．しかし，入手しにくいことと，パネルに細い穴を開けるのは苦労することがネックです．今回は普通のロータリ・タイプの2連ボリュームで製作しています．

　ボリュームは本来なら特注部品で，仕様を指定してメーカから入手します．市場で手に入るものは，販売店や代理店が何らかの仕様で発注した在庫か，機器メーカが在庫品を何らかの理由で放出したものです．軸の長さや形状などは選べないことが多いので，手に入るものに合わせてケース加工してください．

　ジャックはRCAのステレオ・タイプで入出力としました．

　ケースは，摂津金属UTシリーズ(型番UT-3, 150×140×70mm)にまとめ，その内部に電源回路を搭載しています．

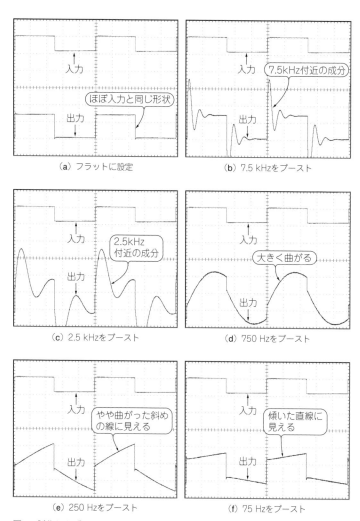

図8 製作したグラフィック・イコライザの1kHz方形波応答(1V/div, 200µs/div)
方形波応答を見るだけでも大まかな動作確認はできる

各図のラベル:
- (a) フラットに設定 ／ 入力 ／ ほぼ入力と同じ形状 ／ 出力
- (b) 7.5 kHzをブースト ／ 入力 ／ 7.5kHz付近の成分 ／ 出力
- (c) 2.5 kHzをブースト ／ 入力 ／ 2.5kHz付近の成分 ／ 出力
- (d) 750 Hzをブースト ／ 入力 ／ 大きく曲がる ／ 出力
- (e) 250 Hzをブースト ／ 入力 ／ やや曲がった斜めの線に見える ／ 出力
- (f) 75 Hzをブースト ／ 入力 ／ 傾いた直線に見える ／ 出力

エフェクタの場合でも，レコーディング時の使用を考えると，こうした選択が取り扱い上の制約が小さくできます．ダイナミック・レンジを最大源利用するには，OPアンプの最大定格に近い±15Vの電源を用意します．

● 動作確認

　ちゃんと周波数特性を調べる方法もありますが，矩形波を入れて波形観測すれば，おおよその特性が出ているかを確認できます．波形例を**図8**に示します．定数違いなどは，左右波形の違いから発見できることが多いはずです．

■ 改良したい人へ

● 専用ICで小型化

　グラフィック・イコライザは，バンド数が多くなると部品点数も多くなるので，専用IC化が進みました．ディジタル信号処理が当たり前になった今では，このような専用ICはほとんど生産中止となりました．

▶専用ICの例

　三菱電機M5226(5素子)，M5227(5素子)，M5229(7素子)，ローム BA3812(5素子)など．対になるボリューム側の電子スイッチICが三洋 LC7520，LC7522，LC7523，ナショナルセミコンダクター LMC835，JRC NJU7305など．

　一部流通在庫が入手できる品種もあるので，入手できると部品点数を大幅に減らせます．専用ICを使えば回路が小型化できるので，ミキサや他エフェクタへの組み込みも考えられます．操作パネル面さえうまく作れれば，大幅な機能アップができます．

3バンド・パラメトリック・イコライザ

　パラメトリック・イコライザは，楽器の音色を細かく調整するエフェクタです．図1のように，ピークの中心周波数，レベル，鋭さ Q（ピークの幅）という物理特性をそれぞれ独立に調整できます．

　深くて狭い谷も，広くなだらかな山も，1バンドで実現できます．さまざまな楽器（あるいは部屋などの伝達特性）に対し，必要な特性を持たせられます（図2）．

　ミキサなどの入力チャネルに組み込まれ，各チャネルの音質調整に使うことが多いほか，単体のエフェクタとして，ギターやキーボードの音作りにも使われます．

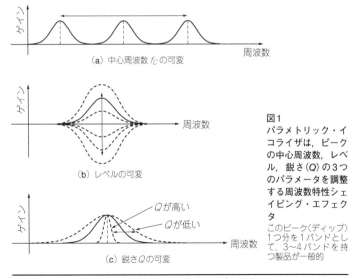

（a）中心周波数 f_C の可変

（b）レベルの可変

（c）鋭さ Q の可変

図1
パラメトリック・イコライザは，ピークの中心周波数，レベル，鋭さ（Q）の3つのパラメータを調整する周波数特性シェイピング・エフェクタ

このピーク（ディップ）1つ分を1バンドとして，3〜4バンドを持つ製品が一般的

初出：トランジスタ技術2016年1月号

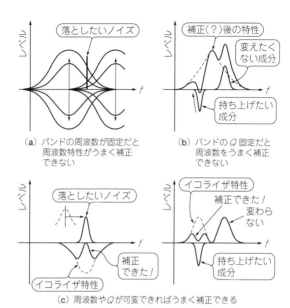

（a）バンドの周波数が固定だと
　　周波数特性がうまく補正
　　できない

（b）バンドの Q 固定だと
　　周波数をうまく補正
　　できない

（c）周波数や Q が可変できればうまく補正できる

図2　周波数や Q が変えられるのがパラメトリック特有のメリット
グラフィック・イコライザよりも合わせ込んだ調整ができる

■ このエフェクタの動作と使い方

● 楽器/ボーカル用にモノラル3バンドで製作

　1バンドごとに3つの調整ボリュームが付くイコライザです．
グラフィック・イコライザのように広い周波数にわたって多数の
バンドは設けられません．3〜4バンドをセットにしたパラメトリ
ック・イコライザがよく使われています．

　今回製作したのは3バンド用です（**図3**，**写真1**）．低音，中音，
高音の3つのバンドがあります．それぞれのバンドは大きくオー
バーラップさせていて，低音用は中音用にも，中音用は低音や高
音用にも，高音用は中音用にも使えるようにして，音作りの範囲
を広げています．

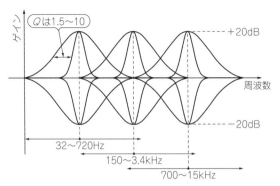

図3 低音/中音/高音の3バンドで周波数特性を調整できる
3つのバンドは大きくオーバーラップさせているので，低域に2つ山を作ったりもできる

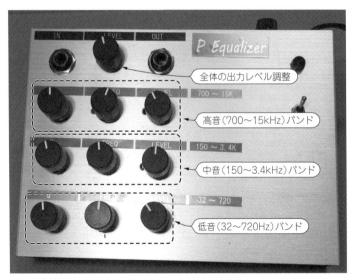

写真1 製作した3バンド・パラメトリック・イコライザ
バンドごとに，周波数，レベル，Qという3つの調整ボリュームを持つ

● 本器の使い方

　3つのバンドを音色に特徴が出る周波数に合わせて作り込んでいきます．各帯域の配分を考えて，レベル調整で音作りをします．その際，Qを上げるとより強いクセを付けられますが，豊かさや力強さは消えます．

　ピーク周波数の設定例を以下に示します．

▶ボーカル

L：250〜500Hz	声の豊かさを加減	
M：2〜3kHz	言葉の明瞭さ，声の抜け	
H：6〜10kHz	子音の響き	

▶エレキ・ギター

L：250〜600Hz	楽器の鳴りを加減	
M：2.5〜3.4kHz	弦の響きと音の抜け	
H：10〜15kHz	カッティングの衝撃感	

▶ピアノ

L：300〜500Hz	全体の豊かさを加減	
M：2〜3.4kHz	中域のツヤ	
H：6〜10kHz	自然さ，明るさ	

■ 設計と製作

● 周波数とQを独立して決められるバンド・パス特性を状態変数型フィルタで作る

　周波数特性を決める部分には，状態変数型(ステート・バリアブル)フィルタを使います．

　状態変数型フィルタの特徴は，CR素子に対する感度が低く安定度が高いことです．ここでは，Qとカットオフ周波数を個別に設定できる回路であることから採用しています．

　状態変数型フィルタはLPF，HPF，BPFの3つの出力が同時に得られます．このうち，BPF出力を使用します．

● バンド・パス・フィルタをOPアンプによる帰還ループに入れて希望の周波数特性を作る

BFPを帰還ループの中に入れることでイコライザを実現します(**図4**).

回路動作を**図5**で解説します.BPFを通過しない帯域は,レベル調整ボリュームの経路を無視すればよく,−1倍アンプの2個直列でゲイン1倍です.

BPFを通過する帯域は,ボリュームがセンタだと前段の減衰量と後段の増幅量が等しくなりゲイン1倍です.カット時は前段の減衰量が大きく,ブースト時は後段の増幅量が大きくなります.

実際の回路では,状態変数型フィルタを使ったバンド・パス・フィルタ素子を,低音と中音,高音と3つ用意します(**図6**).フィルタ回路のコンデンサの値で中心周波数を変えます.

3つの素子が同じ帰還系に入るため,相互間の影響は多少出ますが,音質調整という点から見れば十分な性能が得られます.

周波数は2連ボリュームで可変します.可変範囲はオーバーラ

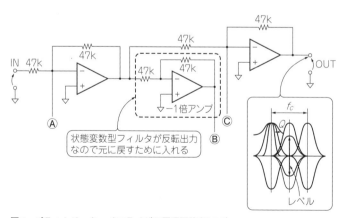

図4 パラメトリック・イコライザの原理回路(その1)
周波数とQを独立して設定できることが特徴の状態変数型フィルタで,バンド・パス特性を作る

137

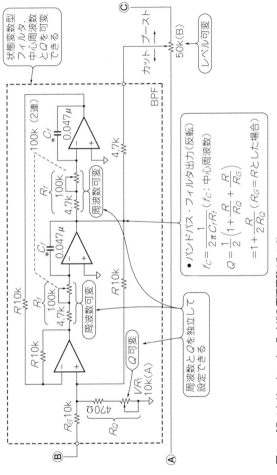

図4 パラメトリック・イコライザの原理回路（その2）
周波数と Q を独立して設定できることが特徴の状態変数型フィルタで、バンド・パス特性を作る

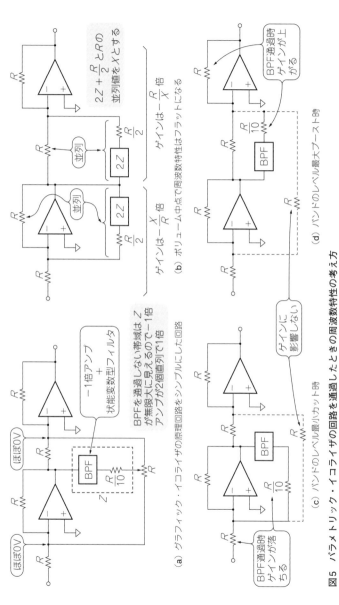

図5 パラメトリック・イコライザの回路を通過したときの周波数特性の考え方

$2Z + \dfrac{R}{2}$ と R の並列値を X とする

ゲインは $-\dfrac{R}{X}$ 倍

ゲインは $-\dfrac{R}{X}$ 倍

(b) ボリューム中点で周波数特性はフラットになる

ゲインは $-\dfrac{X}{R}$ 倍

並列

並列

BPFを通過しない帯域は Z が無限大に見えるので -1 倍 アンプが2個直列で1倍

-1 倍アンプ ＋ 状態変数型フィルタ

（ほぼ0V）

（ほぼ0V）

(a) グラフィック・イコライザの原理回路を シンプルにした回路

BPF通過時 ゲインが上 がる

(d) バンドのレベル最大ブースト時

ゲインに 影響しない

BPF通過時 ゲインが落 ちる

(c) バンドのレベル最大カット時

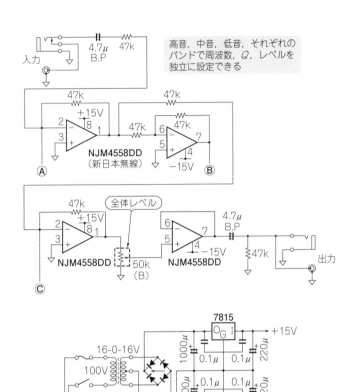

図6 製作したパラメトリック・イコライザの回路（その1）
3バンドなので，バンド・パス・フィルタを3つ用意する

ップさせ，低音，中音，高音で全帯域をカバーするようにします．

　1つのバンドの可変範囲は，周波数比で20倍程度にします．低音バンドを超低音の補正に使ったとき，中音バンドは普通にいう低音の範囲まで下げて使えるような周波数に設定しました．

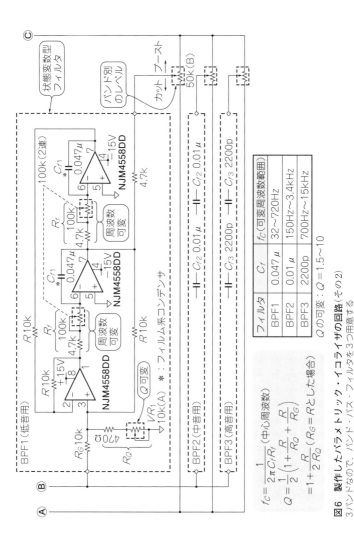

図6 製作したパラメトリック・イコライザの回路(その2)
3バンドなので、バンド・パス・フィルタを3つ用意する

フィルタ	C_f	f_C (可変周波数範囲)
BPF1	0.047μ	32〜720Hz
BPF2	0.01μ	150Hz〜3.4kHz
BPF3	2200p	700Hz〜15kHz

Qの可変：$Q=1.5$〜10

$$f_C=\frac{1}{2\pi C_f R_f}\text{(中心周波数)}$$

$$Q=\frac{1}{2}\left(1+\frac{R_f}{R_Q}+\frac{R}{R_G}\right)$$

$$=1+\frac{R}{2R_Q}\ (R_G=R\text{とした場合})$$

141

コラム　エフェクトON時の耳障りな高域ノイズを減らしてくれる機能「エンファシス」と「ディエンファシス」

　雑音低減に使うプリエンファシス/ディエンファシスのブロック図を**図A**に示します．入力であらかじめ高域をアップしておき，効果をかけた後で高域を落とします．効果をかけるときに発生する残留雑音のうち，耳につきやすい高域成分は，最終段で高域がしぼられるので，目立ちにくくなります．

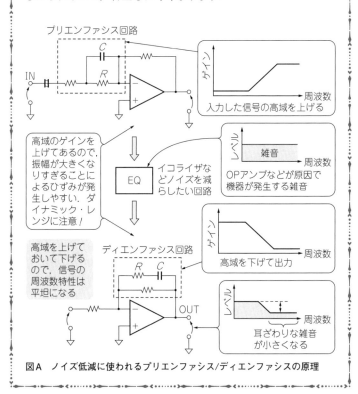

プリエンファシス回路

IN

入力した信号の高域を上げる

高域のゲインを上げてあるので，振幅が大きくなりすぎることによるひずみが発生しやすい．ダイナミック・レンジに注意！

イコライザなどノイズを減らしたい回路

EQ

雑音

OPアンプなどが原因で機器が発生する雑音

高域を上げておいて下げるので，信号の周波数特性は平坦になる

ディエンファシス回路

高域を下げて出力

OUT

耳ざわりな雑音が小さくなる

図A　ノイズ低減に使われるプリエンファシス/ディエンファシスの原理

● レベル調整は必須

本器は，レコーディングや楽器ごとの音作りに使う方針で設計しています．ライブでの使用は考えていません．ライブ用では，効果をON/OFFするパス・スルーのスイッチなどが必要です．

イコライジングをすると，全体のレベルが大きく変わる場合もあります．イコライザの後段に，レベル調整用のボリュームを設けます．出力インピーダンスを下げるためにボルテージ・フォロワを最終段とします．

● 低雑音なOPアンプを選び電源電圧も高めに

パラメトリック・イコライザは，OPアンプの数が多いので雑音が大きくなりやすい回路です．

エフェクタ機器では，ノイズを減らすためにプリエンファシスとディエンファシス（p.142の**コラム**参照）を使うことも多いのですが，イコライザでは要注意です．

イコライザは，各周波数におけるレベルを大きく変えます．エンファシスとディエンファシスを併用すると，過大入力となってクリップしやすくなるので注意が必要です．この回路のように電源電圧を高くして，ダイナミック・レンジを広くとっておくなどの対策が必要です．

低雑音化には残留雑音の小さいOPアンプを使うなど，基本的な対策から行うべきでしょう．低雑音選別品のNJM4558DDを使用しました．

ダイナミック・レンジを確保するために，電源は±15Vとしました．そのため，トランスを使った電源回路を内蔵しています．

● ケースと操作パネル

タカチの金属ケースYMシリーズのYM130（180×130×40mm）を使いました．

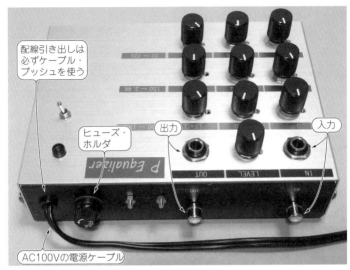

配線引き出しは必ずケーブル・ブッシュを使う

ヒューズ・ホルダ

出力

入力

P Equalizer

AC100Vの電源ケーブル

写真2　製作したパラメトリック・イコライザを背面から見たところ
ボリュームはすべて上面に，入出力端子は上面と背面の両方に用意した

　調節するボリュームの数が多いことから，わかりやすい配置と操作のしやすさを考え，ケース上面にボリュームを取り付けました．入出力は，RCAピン・ジャックをケース背面に付けています（**写真2**）．

　ケース上面の入力用のφ6.3 mmジャックを挿すと背面の入力が切り離され，上面から信号が入力できます．出力は上面，背面の両方から同時出力できるように並列に接続しています．

　周波数とレベル，Qの3つが独立して調整できるメリットを生かし，パネル面に規則的に並べると，感覚的にわかりやすい配置になると思います．

● **動作チェック**

　バンドごとに行います．まず，ピーク周波数とその可変範囲が

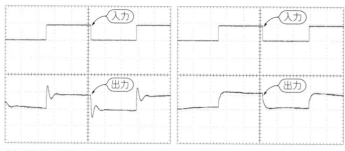

(a) 中音バンドだけレベル最大（周波数は中央）　　（b) 低音バンドだけレベル最大

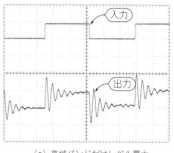

(c) 高域バンドだけレベル最大

図7
方形波応答（1V/div，500μs/div）
ピークが出るので，レベル過大でクリップには注意が必要

設計したとおりかをチェックします．周波数調整に2連ボリュームを使用しているので，トータル抵抗値の誤差に加えて連動誤差があります．各バンド周波数範囲に余裕があり，最低～最高周波数のレンジを欲張りすぎなければ実用範囲に収まるでしょう．

　チェックの時にピークの周波数を読んで，パネルに周波数ポイントをプロットしておくと，使用時にパネルから周波数が読めて，音作りの目安になります．

　Qを上げたときの動作も確認しておくと安心です．方形波を入力したときの波形を**図7**に示します．

■ 応用

● バンド数を減らして他の機器に組み込む

パラメトリック・イコライザは単体のエフェクタとしても便利ですが，機器や楽器に組み込んで音作りに使うことも有効です．バンド数を多くして全帯域をカバーする必要はなく，必要な領域だけカバーすれば良いと思います．ディストーションやディレイなどに組み込んでも効果的です．

● トーン・コントロールのような回路と組み合わせる

低域，高域はシェルビング・タイプのトーン・コントロール（コラム1）として，中域に1素子か2素子のパラメトリック・イコライザを設ける方法もあります（**図8**）．人間の耳の感度の高い帯域では，Q や周波数を独立して調整できるパラメトリック・イコライザの微妙なコントロールが重宝します．

● 効果的な回路利用

入出力レベル，残留雑音で性能が良いと，システムのどこへでも入れられて，活用の制約なく多用途です．

パラメータが多いので敬遠されがちなパラメトリック・イコラ

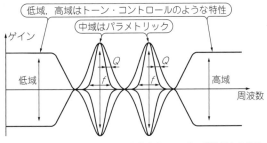

図8 トーン・コントロールのようなシェルビング特性との組み合わせ

イザですが，Qを固定するか切り替え式(2段階，3段階)にして，可変箇所を周波数とレベルにすれば使いやすくなります.

● **活用方法**

　ギター用には，高入力インピーダンス，フット・スイッチのバイパス，9V電池仕様などで設計すると良いでしょう.

　汎用とするには，入力インピーダンス切り替えや外部リモート・スイッチなどで拡張する方法があります.

コラム　何が違う？パラメトリック・イコライザと
**　　　　トーン・コントロール**

● **オーディオ・アンプのトーン・コントロール**
…平坦な部分があるシェルビング・タイプ

　オーディオ・アンプやミキサなどに搭載されているトーン・コントロールの回路を図B(a)に，特性を図B(b)に示します. このような棚状の特性を持つフィルタをシェルビング・タイプと呼びます. 高音や低音をおおまかに調整できます.

● **ギター・アンプのトーン・コントロール**
…音色重視で周波数特性との対応があいまい

　ギター・アンプによく搭載される3バンドのトーン・コントロールは，オーディオ機器のものとは違います. 一例を図Cに示します. ギターという楽器の音に合わせ込んだものなので，フラットな特性を得るという考え方がありません. 各ボリュームはギターの音色の要素に合わせて作り込まれているので，周波数などという考え方は不要なのでしょう.

● **音色の調整に便利なパラメトリック・イコライザ**

　例えば低域を持ち上げて音色を変えたい，という場合，ミキサに付いているトーン・コントロールを使うことも考えられます. 低域を全体的に持ち上げるシェルビング・タイプなので効果は大

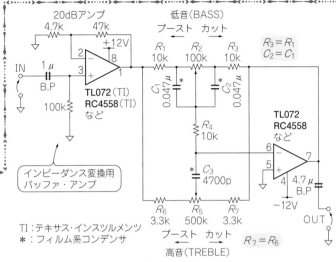

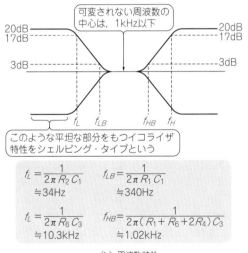

(a) 回路(NF型)

20dBアンプ

低音(BASS)
ブースト　カット

$R_3 = R_1$
$C_2 = C_1$

4.7k　47k

$+12V$

IN

1μ
B.P

100k

2
3

8
1

TL072(TI)
RC4558(TI)
など

R_1
10k
R_2
100k
R_3
10k

C_1
0.047μ
*

C_2
0.047μ
*

R_4
10k

C_3
4700p
*

TL072
RC4558
など

6
5

7
4

4.7μ
B.P

OUT

$-12V$

インピーダンス変換用
バッファ・アンプ

R_6
3.3k
R_5
500k
R_7
3.3k

ブースト　カット
高音(TREBLE)

$R_7 = R_6$

TI：テキサス・インスツルメンツ
*：フィルム系コンデンサ

可変されない周波数の
中心は，1kHz以下

20dB
17dB

20dB
17dB

3dB

3dB

f_L　f_{LB}　　f_{HB}　f_H

このような平坦な部分をもつイコライザ
特性をシェルビング・タイプという

$$f_L = \frac{1}{2\pi R_2 C_1} \fallingdotseq 34\text{Hz} \qquad f_{LB} = \frac{1}{2\pi R_1 C_1} \fallingdotseq 340\text{Hz}$$

$$f_L = \frac{1}{2\pi R_6 C_3} \fallingdotseq 10.3\text{kHz} \qquad f_{HB} = \frac{1}{2\pi (R_1 + R_6 + 2R_4) C_3} \fallingdotseq 1.02\text{kHz}$$

(b) 周波数特性

図B　オーディオ・アンプのトーン・コントロール

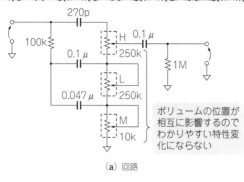

(a) 回路

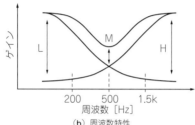

(b) 周波数特性

図C　ギター・アンプのトーン・コントロール

きいのですが，低域を上げると超低域までレベルが上がってしまい，音色を変えるというより，低音全体の量感を変えてしまいます．

それに比べて，パラメトリック・イコライザは特定周波数に山を作るピーキング・タイプなので，特定の帯域を狙ってブーストやカットが可能です．低域をブーストしても，弊害が少なくなります．

ピーク周波数，効き具合を決めるレベル，帯域幅特性を決める Q，すべてが独立して調整できるので，狙った音を作りやすくなります．

4-1 ディレイICで反射音を連続生成！

オウム返しか？ ステレオ・エコー

　ディレイICを使った代表的なエフェクタといえば次の3種類です．いずれも余韻を加える空間系のエフェクタです．

　(1)ディレイ　(2)エコー　(3)リバーブ

　ディレイは，単発の遅延音を原音に加えるエフェクタです．エコーは，ディレイICの出力信号を入力に戻して，原音に何度も遅延音を加えるエフェクタです．リバーブは，遅れの異なる複数の遅延音を作り，さらにフィードバックもかけ，複雑な残響音を作って原音に加えるエフェクタです．

　エコーは反響で，鳴き竜（フラッター・エコー）のような効果です．ホールの残響とは区別されます．カラオケのボーカルでは，エコーがリバーブの代用として使われますが，音楽的には異なるエフェクトです．

　エレキ・ギターやシンセサイザのような楽器だけでなく，演劇や番組での音声効果，カラオケなどで広く利用されています．

■ 本器の原理とスペック

● 30msの遅延信号を原音に加えると音源が10m先に移動したように感じる

　原音と遅れた音が人間の耳に交じって聞こえた場合，個人差はありますが，30msを越えると音色を越えて，2つの音は分離した音と感じられるようになります．それより短い遅れは1つの音と

して捉えられ，音色変化（ダブリングなど）が現れます．

遅延させた信号は距離感を生みます．音速は340m/s前後なので，30msの信号の遅れは，実際の空間では約10m離れたところから伝わって聞こえる遅れとして生じます．

● ディレイの出力を入力に戻す

図1に示すように，ディレイの出力信号を一定量以下で入力信号に加算すると，図2のように繰り返して音が追いかけるように減衰していきます．

ディレイ効果は単に時間遅れの信号でしかないのですが，それを前段に戻して加算することで，繰り返しながら減衰する「やまびこ」のようになります．

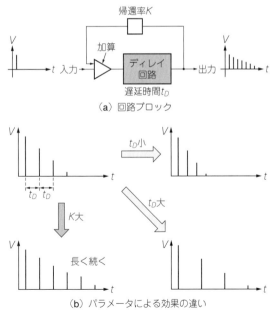

（a）回路ブロック

（b）パラメータによる効果の違い

図1　エコーはディレイ回路を応用したエフェクタ

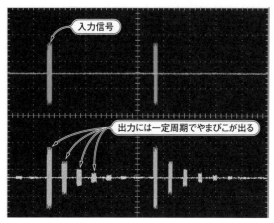

図2 ディレイ・エコーのようす
入力した波形が小さくなりながら繰り返し現れている

● **効果の効かせ方**

元信号に加えるディレイ音の量で、効果の深さを調整します。
入力に戻すディレイの量で、エコーの長さ(繰り返しがいつまで
残るか)が決まります。ディレイ時間は、「やまびこ」の繰り返し
周期を決めます。

ディレイ時間を短く、フィードバックを大きくとると、エコー
ではなく、信号同士が干渉して音色が変わります。スペース・サ
ウンドのような特殊効果として使われることがあります。

リバーブ(残響)の代用としても使われますが、リバーブに比べ
ると周期性があります。バネや空き缶などに響いたような癖があ
る、ディレイ・エコー特有の効果が得られます。

● **本器のスペック**

製作したディレイ・エコーの外観を**写真1**に、回路を**図3**に示
します。モノラル処理ですが、出力はステレオ準備状態の疑似ス
テレオにしました。

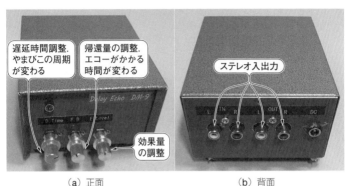

（a）正面 　　　　　　　　　　　（b）背面

**遅延時間調整.
やまびこの周期
が変わる**

**帰還量の調整.
エコーがかかる
時間が変わる**

Delay Echo DM-9

D.Time　F.B　D.Level

**効果量
の調整**

ステレオ入出力

L　IN　R　　　OUT　R　　DC

（c）内部

写真1
製作したステレオ・エコーの
外観と内部

　キーボードやオーディオ・プレーヤをソースと想定して，RCA
ピン・ジャックでの入出力とし，基板の大きさに合わせた小型の
メタル・ケースUT-4(摂津金属)に入れてみました.

● 使い方

　各パラメータ(ボリューム)の動作は以下のとおりです.

▶ Delay Time

　入力信号をどれだけ遅らせるかの設定です．最小設定ではやま
びこ感がなくなり干渉音に近くなります.

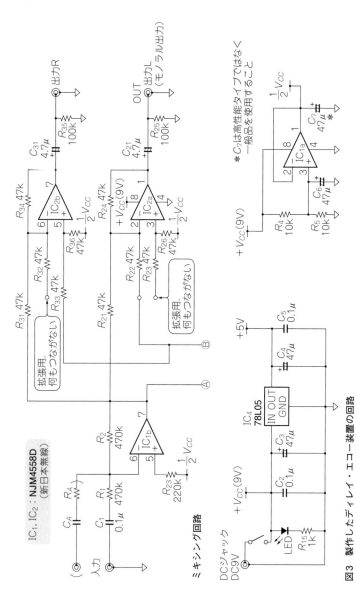

ミキシング回路

IC₁, IC₂：NJM4558D
（新日本無線）

$*$ C_7は高性能タイプではなく
一般品を使用すること

図3 製作したディレイ・エコー装置の回路

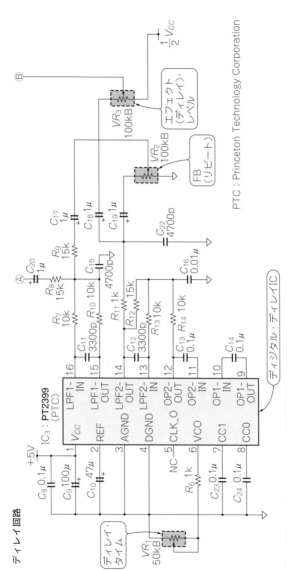

ディレイ回路

PTC：Princeton Technology Corporation

図3　製作したディレイ・エコー装置の回路（つづき）

155

▶ Repeat（FB）

遅延された音がどれだけ繰り返されるかの設定です．最小設定では原音が1回だけ遅延されます．

▶ Delay Level（効果レベル）

原音に混ぜる効果の量，効果の深さの設定です．最小では効果はかからず，原音がそのまま出力されます．

■ 製　作

● 遅延を生み出すデバイスで音色が変わる

図4のように1960年代には，テープ・レコーダの録音ヘッドと再生ヘッド間の時間差を利用していました．

その後，アナログ方式の遅延素子BBDのように，電気信号で音声を遅延できるデバイスが登場します．

今ではディジタル方式が一般的です．アナログ信号をA-D変換してメモリに書き込み，時間が経ってから読み出しD-A変換することで，時間遅延を得る方法です（図5）．DSPを使った市販のエフェクタの多くがこのディジタル方式です．

一時期，カラオケ・エコーではM50195（三菱電機）など，ディジタル方式のエコーICがよく利用されました．適度な遅延時間が

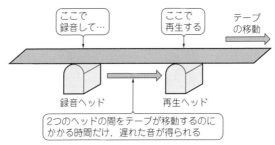

図4　磁気テープを利用した1960年代のエコー（テープ・エコー）
録音した音をモニタする再生ヘッドが後ろにあり，これで時間差を得ていた

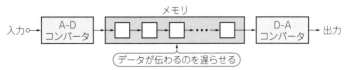

図5 ディジタル方式のエコーのしくみ
メモリの容量が大きいほど長い遅延時間を得られる

得られました．BBDによるエコーよりシャープな音です．

● 特性が悪い素子もエフェクタとしてはアリ

使用するデバイスで効果の音色や印象が変わります．テープ式エコーを原点とすると，BBDはアナログ方式なのでエコー成分が甘い感じです．

■ 回 路

● ディレイIC PT2399を使う

ディジタル・ディレイ専用ICのPT2399（Princeton Technology Corporation）を使います．入手しやすく，よく利用されています．周辺パーツは少なくありませんが，遅延手段としては比較的簡単に扱えます．

PT2399の主な仕様を**表1**に示します．**図6**に示すように，入出

表1 ディレイ専用IC PT2399の主な仕様

項 目	記号	条 件	最小	標準	最大	単位
電源電圧	V_{CC}	－	4.5	5.0	5.5	V
消費電流	I_{CC}	－	－	15	30	mA
電圧ゲイン	G_V	$R_L = 47\,\mathrm{k\Omega}$	－	－0.5	2.5	dB
最大出力電圧	V_{omax}	$THD = 10\,\%$	1	1.25	1.5	Vrms
出力信号ひずみ	THD	Aウエイト	－	0.4	1.0	％
出力雑音電圧	N_o	Aウエイト	－9.5	－90	－80	dBV
電源電圧除却比	$PSRR$	$VR = 100\,\mathrm{mV}$ $f = 100\,\mathrm{Hz}$	－	－40	－30	dB

（指定なき場合の条件：$V_{CC} = 5.0\,\mathrm{V}$，入力信号周波数 1kHz，入力電圧 500mV$_{\mathrm{rms}}$，クロック周波数 4MHz，$T_a = 25\,℃$）

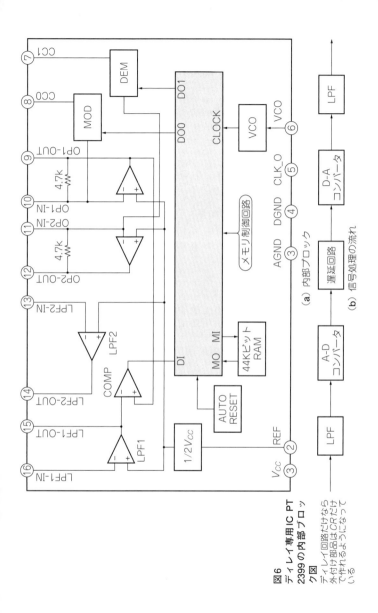

図6
ディレイ専用IC PT 2399の内部ブロック図

(a) 内部ブロック

(b) 信号処理の流れ

ディレイ回路だけなら外付け部品はCRだけで作れるようになっている

158

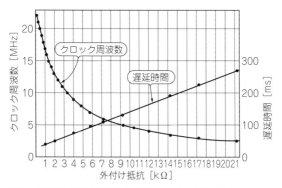

図7 PT2399の外付け抵抗と内部クロック，遅延時間
300ms以上の遅延が得られる

力のフィルタ用アンプ，A-Dコンバータ，メモリ，D-Aコンバータ，クロック用発振器から構成されています．

遅延時間はクロック周波数で設定します．**図7**に示すように，外付けの抵抗で30～340msの遅延に設定でき，ディレイやエコー用として十分な遅延時間といえます．

ディジタル・ディレイがスタジオなどで多用されるようになった1980年代初頭は，メモリが高価で長い遅延が得にくかった時代です．遅延専用の機器だと，単機能な割りに高価になるので，超低周波発振器など他の回路も積み，遅延を利用するマルチ・エフェクタが商品化されていました．

エレキ・ギター用コンパクト・エフェクタのディレイは，遅延だけにフォーカスしたシンプルなものでした．当時の機器では，最大遅延量が300ms程度しかないものもありました．

● PT2399の外部で元音とリピート信号を混ぜる

リピート信号は，PT2399の内部アンプ（入力LPF回路の拡張）ではなく，外部にアンプを設けて混ぜています．

PT2399は5Vの電源電圧で使い，周辺は9Vの片電源で動作さ

コラム　あれにもこれにも！
空間系エフェクタのヒーロー「ディレイ」

　表Aに示すのは，遅延信号を出力するディレイICを応用した
エフェクタのいろいろです.

　最近のディジタル化された映像では，圧縮/解凍などの処理の
時間遅れがあります. 音声に単純な時間遅延を入れて，映像と合
わせる処理が行われています. 映像の1コマ（1フレーム）の時間
は33msであり，これは映像ミキサなどを使った時に生じやすい
遅延時間です.

　またディレイ音を別スピーカから出すとより広い空間を感じる
ことができます. 遅延時間は50ms以上，できれば100msは欲し
いところです.

表A　ディレイの応用

効果	遅延量	変　調	システム	効　果
ディレイ・エコー	50ms〜	–	Ⓐ	やまびこのように音が連続して鳴る. リバーブの代用として用いる場合もある
ステレオ	5〜20ms	0.2〜1Hz（またはなし）	Ⓑ or Ⓒ	音に広がりを出す
ステレオ(2相)	5〜20ms	0.2〜1Hz（またはなし）	Ⓓ	音に大きな広がりを出す
ダブリング	10〜40ms	–	Ⓔ	音ににじみを出す
コーラス	5〜30ms	0.2〜1Hz	Ⓒ or Ⓕ	音にうるおいを出す
コーラス(2相)	5〜30ms	0.2〜1Hz（2相）	Ⓓ	音に強いうるおいを出す
コーラス(3相)	5〜30ms	0.2〜1Hz（3相）	Ⓘ	音に非常に強いうるおいを出す
フランジャ	0.5〜10ms	0.1〜10Hz	Ⓖ	音に強いうねり，癖を付ける
ビブラート	10〜30ms	5〜7Hz	Ⓗ	音程を震わせる
アンサンブル	5〜20ms	0.2〜1Hz／5〜7Hz 混合	Ⓒ or Ⓕ	数人による合奏感
アンサンブル(3相)	5〜20ms	0.2〜1Hz／5〜7Hz 混合	Ⓘ	数人による合奏感. ストリング・アンサンブルの「ソリーナ」で使用

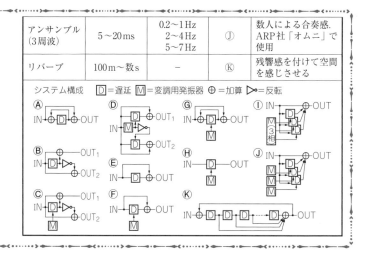

| アンサンブル (3周波) | 5～20 ms | 0.2～1 Hz
2～4 Hz
5～7 Hz | Ⓙ | 数人による合奏感. ARP社「オムニ」で使用 |
| リバーブ | 100 m～数 s | – | Ⓚ | 残響感を付けて空間を感じさせる |

せます．中点電圧をOPアンプで作り，これを仮想グラウンドとしています．電源供給は9VのACアダプタから行い，5Vレギュレータ78L05で5Vを作ってPT2399に供給します．

● 疑似ステレオ対応

　ディレイICの入出力はモノラルですが，エフェクタの出力はスピーカを2台を使うことを前提にしたステレオです．**図3**に示した回路は，1個のディレイICが出力するモノラル遅延信号を原音と足し合わせてステレオ信号を作っています．Rチャネル側は遅延信号の位相を180°変えています．いわゆる疑似ステレオです．位相を変えずにそのまま足し合わせても広がり感は得られません．左右で逆位相の成分は定位感がなくなるので，広がり感を得られます．

　図8に示すのは，ディレイICを2個使ったリアル・ステレオ・エコーです．

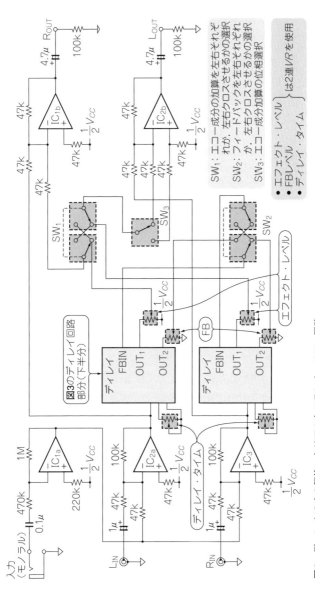

図8 ディレイICを2個使ったリアルなステレオ・エコー回路
図3の回路はステレオ出力を持っているが疑似的なもの。本当のステレオ対応はこうなる

162

■ 改 良

● 時間遅延装置として使うには

エコーとしてではなく，遅延だけを利用するのであれば，原音をOFFにするスイッチを設けるか，直接音/ディレイ音を別々にレベル設定できるようなミキサ回路を設けると良いでしょう．

● ギター用に改造

効果のON/OFFスイッチを追加するだけです．バイパス回路は1-1節の図6(p.16)を参考にしてください．電池動作化，音作りなどの詳細は4-2節で紹介します．

● ミキシング・コンソールに改造

ミキシング・コンソールのための効果装置としては，ディレイ内部にミキシングを持たず，コンソール側で原音とミックスする手法に対応できます．

ディレイという効果の特徴として，音源の種類や特色によってかけられる深さが変わります．

ミキシングされた信号を入力するには限度があって，ミキシング・コンソール側でエフェクト・レベルを決めて送るということも多いので，その段階で効果のON/OFFも外部での使い方で決まり，リモートなどを考える必要もないという考え方もあります．

● 帰還ルートにイコライザを挿入

入力への帰還途中にイコライザを入れると，多彩な音作りができます．ワンチップで簡単に実現できるので，カラオケやサラウンドなど各種機器への応用も広いです．

イコライザは第3章の回路が参考になります．ディレイ本体に組み込むと，接続の簡略化ができ，操作性も上がります．内部ス

163

図9　外部エフェクト端子

ペースがなければ，**図9**のように外部エフェクト・インサート端子を設ける方法があります．

● **ステレオにしてもっと広がりを！**

　もう1枚同じ基板を用意すれば，完全にステレオのディレイ処理が可能です．各ボリュームは2連タイプを使用すれば，同時に調整が可能です．

　ステレオ音場効果を十分得るエコー装置としては，右チャネルのエコー分を左の原音に混ぜ，左チャネルのエコー分を右チャネルに混ぜると，空間に広がりが出てきます．特にディレイ時間が長くなると，左右にエコー音が移動する効果（スペース・エコー）が得られます．

　図8に示した回路はフィードバックとして，自身のチャネルに戻すか他チャネルに戻すかもセレクトできるようにしています．

　これにより，クロス・ディレイは音が左右をピンポンのように行き来するので，空間の広がりの感じられる効果になります．ディレイ・タイムとフィードバックの深さを調整すると，独特の空間の広がりを感じさせられます．

　ステレオの音場処理は，エレキ・ギター・エフェクタの音色加工とは違ったディレイ・エコーで，モニタリング環境も重要です．そのため，最初の音出しチェックはヘッドホンを使って左右分離の良い状態で行います．スピーカでの試聴は配置の影響を大きく受けるので，ヘッドホンでの試聴結果と比べることも大切です．

ギター用ディレイ＆リバーブ

　アコースティック楽器なら，本体が振動して空間に音が出るので，立体感や空気感が自然に出ます．ところが，電子楽器では音は空間に出ません．制作段階で空間に広がったような響きを付け加えます．その制作段階で使うエフェクタがディレイやリバーブで，「空間系」と呼ばれます．

　本節ではギター用のディレイとリバーブを作ります．そして，独特の音色を持つスプリング・リバーブも併せて紹介します．

■ 音の遅延を利用して効果を生むエフェクタたち

● 部屋の壁や天井の反射音を原音に足す

　時間遅れのある信号を加算する効果がディレイで，ディレイが繰り返されればエコーになります．同様に時間遅れのある信号を加算しますが，ホールの複雑な残響を模した効果がリバーブです（**表1**）．ただし実際のディレイ・エフェクタはエコーの機能も持ちます．

　リバーブはかつて実現が難しく，大きな部屋でスピーカから音を出し，それを収録して効果を得るタイプもありました．大掛かりな設備なので，楽器演奏時ではなく，レコーディング後に使われました．

　現在の空間系エフェクタにはディジタル信号処理技術が使われており，安価で高機能になりました．エレキ・ギターは例外で，ギター・アンプに搭載されたスプリング・リバーブが古くから演奏に取り入れられています．

表1　空間系エフェクタのいろいろ
エフェクタはこの分類と素直に対応しない．ディレイはエコーの機能を持つし，エコーの機能がリバーブと呼ばれていたこともある

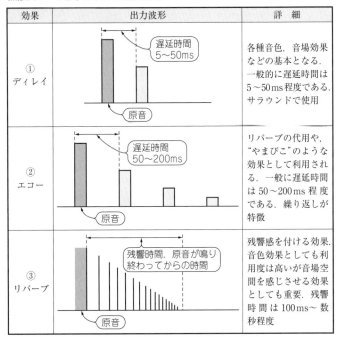

効果	出力波形	詳　細
① ディレイ	遅延時間 5〜50ms 原音	各種音色，音場効果などの基本となる．一般的に遅延時間は5〜50ms程度である．サラウンドで使用
② エコー	遅延時間 50〜200ms 原音	リバーブの代用や，"やまびこ"のような効果として利用される．一般に遅延時間は50〜200ms程度である．繰り返しが特徴
③ リバーブ	残響時間，原音が鳴り終わってからの時間 原音	残響感を付ける効果．音色効果としても利用度は高いが音場空間を感じさせる効果としても重要．残響時間は100ms〜数秒程度

● **自作するなら専用のICやユニットを活用する**

　ディレイ/エコーは，専用の遅延ICを使って実現するのが手軽です．リバーブは，後述するように複雑な反響の再現を目指します．機械的なばねを使う専用ユニットのほか，遅延素子の応用で実現します．

■ **デジタル・ディレイICを使ったギター用ディレイの製作**

● **動作原理**

　入力した信号が遅れて出てくるのがディレイです．**図1**のよう

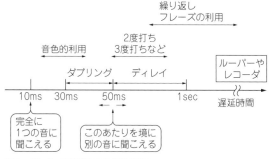

図1 ディレイ時間による効果の違い
2つの音に聞こえるかどうかの境目は50ms前後で，音源，個人の経験，
心理状態でも変わってくる

に，遅れ時間が短いディレイは，重なって1つの音に聞こえます．
遅れ時間を長くしていくと，にじんだように聞こえてきて，さら
に遅らせると2音に分かれて聞こえるようになります．

　音は常温空気中を伝搬するとき1秒で約340m進むので，壁な
どに反射する音は時間遅れがあります．ディレイはそれを電気的
にシミュレーションしています．

　ディレイには通常，**図2**のようにリピート機能を設けます．た
だ遅れるだけでなく，ディレイ音をフィードバックして繰り返し
ます．一般に言うエコーに近い機能です．

▶ディレイ・タイム

　遅延時間調整です．遅延時間が長い場合は，音やフレーズの繰
り返し時間です．あまり長く取ると音が重なりすぎることがあり
ます．短くしたくない場合はディレイ・レベルを下げます．

▶リピート・レベル

　入力に加算するフィードバック量です．繰り返し回数が決まり
ます．ゼロにすれば元音の後に1回だけ鳴ります．リピート量が
多すぎると発振します．つまみ最大で発振するのか，発振するよ
り手前で最大になるのかは，設計者の判断です．音作りの可能性

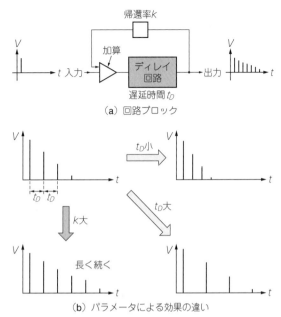

図2 ディレイ・エフェクタのブロック図
ループ機能を持ち，エコー効果を持つエフェクタもディレイと呼ばれる

を残すか，安全を見るかです．

▶ディレイ・レベル

ディレイ効果音のブレンド量，効果の深さです．実際の効果は，ディレイ・タイムが長くリピート量が大きいほど，効果は大きく感じやすい傾向です．

● 信号遅延を作るディジタル・ディレイIC

ディジタル・ディレイの原理は，**図3**のように信号をA-D変換し，メモリの読み書きで遅延を作り，D-A変換して遅延信号を得ます．

メモリを内蔵した1チップのディレイICがあります．入手しや

図3 ディジタル・ディレイの動作原理
A-D変換したデータをいったんメモリに蓄えて，時間が経ってから読み出すことで時間的に遅れた信号を取り出せる

表2 ディジタル・ディレイIC PT2399の主な仕様

項　目	記号	条　件	最小	標準	最大	単位
電源電圧	V_{CC}	－	4.5	5.0	5.5	V
消費電流	I_{CC}	－	－	15	30	mA
電圧ゲイン	G_V	$R_L = 47\,\mathrm{k}\Omega$	－	－ 0.5	2.5	dB
最大出力電圧	$V_{O\max}$	$THD = 10\,\%$	1	1.25	1.5	$\mathrm{V_{RMS}}$
出力信号ひずみ	THD	Aウエイト	－	0.4	1.0	％
出力雑音電圧	V_{NO}	Aウエイト	－ 9.5	－ 90	－ 80	dBV
電源電圧除却比	$PSRR$	$V_R = 100\,\mathrm{mV},$ $f = 100\,\mathrm{Hz}$	－	－ 40	－ 30	dB

指定なしの場合の条件：$V_{CC} = 5.0\,\mathrm{V}$，入力信号周波数 $1\,\mathrm{kHz}$，入力電圧 $500\,\mathrm{mV_{RMS}}$，クロック周波数 $4\,\mathrm{MHz}$，$T_A = 25\,℃$

　すいのはPT2399（Princeton Technology社）です．本来はカラオケ・エコー用ICですが，ディレイ・エフェクタの自作によく使われます．内部ブロック図を**図4**に，主な仕様を**表2**に示します．

　内蔵クロック・オシレータの周波数で遅延時間が決まります．クロック周波数は，**図5**のように外付け抵抗で決まるので，可変抵抗にすると遅延時間を可変できます．

　入出力には，A-D変換，D-A変換のノイズを除去するためのロー・パス・フィルタが必要です．フィルタのカットオフ周波数は，クロック周波数に応じて選ぶ必要があります．遅延時間を可変する場合は，クロック周波数が最も下がったときにマッチするフィルタを選びます．

　ディレイの出力を入力に帰還すればリピート信号が得られます．

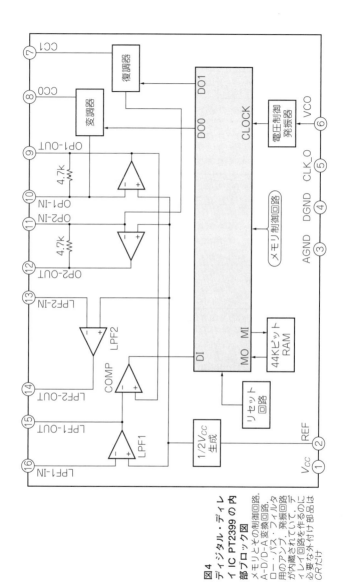

図4
ディジタル・ディレ
イ IC PT2399 の内
部ブロック図
メモリとその制御回路．
A-D/D-A変換回路．
ロー・パス・フィルタ
用のアンプ，発振回路
が内蔵されていて，ディ
レイ回路を作るのに
必要な外付け部品は
CRだけ

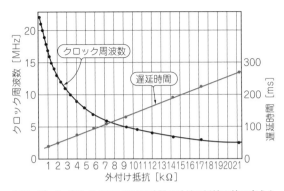

図5 ディレイIC PT2399の遅延時間は外付け抵抗の値で変えられる

可変抵抗にしておけば，使用時に遅延時間を調整できる

外部回路で元の音とミクスすると，ディレイやエコーが得られます．

● **回 路**

　具体的な回路を**図6**に示します．PT2399を使ってディレイ効果を発生させ，それを元音にブレンドします．

　電源は9Vで，コンパクト・エフェクタに使えるサイズです．OPアンプは片電源で使用し，動作基準の$1/2V_{CC}$はOPアンプで作っています．PT2399は5V動作なので3端子レギュレータで5Vを作っています．

● **音色を変える**

　ロー・パス・フィルタの定数で音色が変えられます．**図6**の回路は，ストレートな音が多い市販のディジタル・ディレイでは得られにくいマイルドな音を目指して定数を決めています．

▶**帯域を広げクリアな音にする**

　C_{11}，C_{12}の値を3300pFから1000pFに変更し，入出力ロー・パ

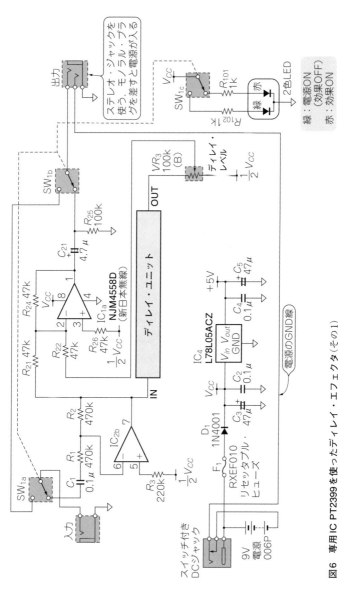

図6 専用IC PT2399を使ったディレイ・エフェクタ（その1）
ギター用なので，高入力インピーダンス．モノラル入出力にしたほか，切り替え機能を追加してある

ステレオ・ジャックを
使う．モノラル・プラ
グを差すと電源が入る

V_{CC}
SW$_{1c}$
R_{101}
1k
赤
緑
R_{102}
1K
2色LED

緑：電源ON（効果OFF）
赤：効果ON

出力

SW$_{1b}$

R_{25}
100k

C_{21}
4.7μ

V_{CC}
8   1
－ 2   IC$_{1a}$
＋ 3   NJM4558D
4   （新日本無線）

R_{24} 47k

R_{22}
47k

R_{26}
47k
$\frac{1}{2}V_{CC}$

R_{21} 47k

ディレイ・ユニット

OUT

VR_3
100k
(B)
ディレイ・
レベル
$\frac{1}{2}V_{CC}$

IN

R_2
470k

R_1 470k

IC$_{2b}$
7
6 －
5 ＋

C_1
0.1μ

R_3
220k
$\frac{1}{2}V_{CC}$

SW$_{1a}$

入力

+5V

C_5
47μ

IC$_4$
L78L05ACZ
V_{in} V_{out}
GND

C_4
0.1μ

電源のGND線

V_{CC}

C_2
0.1μ

D_1
1N4001

C_3
47μ

F_1
RXEF010
リセッタブル・
ヒューズ

9V
電源
006P

スイッチ付き
DCジャック

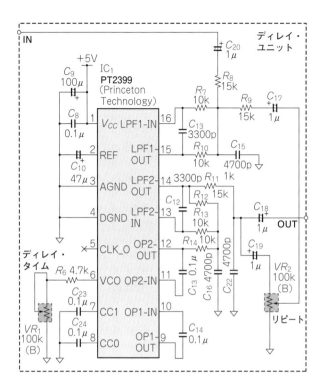

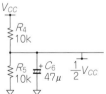

図6 専用IC PT2399を使ったディレイ・エフェクタ(その2)

ギター用なので，高入力インピーダンス，モノラル入出力にしたほか，切り替え機
能を追加してある

ス・フィルタのカットオフ周波数を高くします．クリアな音色になる反面，甘いアナログ的な音は消え，ざらざら感のある音になります．また無音時への音の消え際に，耳障りな音が聞こえることがあります．

▶帯域を少し広げて中間的な音にする

C_{11}，C_{12}の値を3300pFと1000pFの間，2200pFにすると，甘い音とクリアな音の中間をとった音になります．入力される楽器によっても印象は変わります．

● イコライザを挿入して音色を大きく変える

フィルタが音色に大きく影響するのは，フィードバック系の中にフィルタが入っていて，信号がフィルタを何回も通るからです．

周波数の異なる正弦波のバースト波形を入力したときの出力を図7に示します．リピート成分は，周波数によって大きく変わることがわかります．

リピート部分に挿入する回路の特性が音に影響しやすいことは，音作りに積極的に利用できます．

リピート・レベルを決めるVR_2のところにグラフィック・イコライザやパラメトリック・イコライザなどを挿入し，フィードバック系の周波数特性を変えて音色を作れます．

とはいえ，コンパクト・エフェクタの中にイコライザ回路を入れるのはスペース的に厳しいので，フィードバック・ループに入出力端子を設けると良いでしょう．入力側に接点付きのジャックを使うと，入力端子を利用しない場合はディレイ出力をそのまま使用できます．

■ 専用ユニットを使ったギター用リバーブの製作

● 基本はホールの残響

残響は図8(a)に示すように，多数のディレイの集合体です．壁

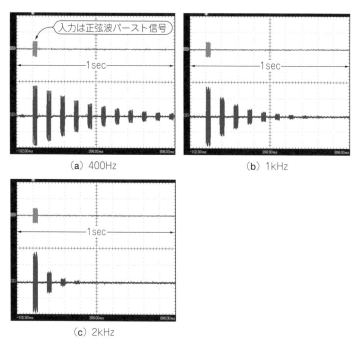

図7 周波数の異なる正弦波バースト信号を入力したときのディレイ・エフェクタ出力
ディレイの入出力にあるロー・パス・フィルタによる減衰の違いが波形と音に表れる. 実際の入力は正弦波の複合であるので, 減衰の違いは音色や効果の変化になる

や天井, 床に当たって複雑に乱反射した音が残響になります.

　クラシック音楽に残響の良いホールが欠かせないように, ホールなどを使った残響の付加は昔から演奏に使われてきました. しかし, エフェクタとして再現するのは大変です.

　最近のディジタル信号処理によるリバーブでは, **図8(b)**のように, 大きな壁に当たって返ってくる初期反射, 後から付いて来る残響などをシミュレーションします. 部屋の大きさや壁の材質などのパラメータを設定できます.

　実際のホールで起こる複雑な遅延をシミュレーションするには,

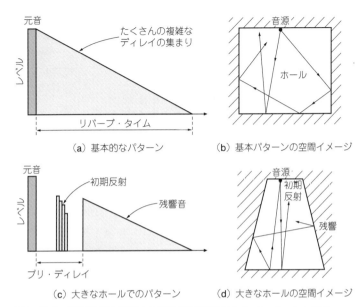

（a）基本的なパターン

（b）基本パターンの空間イメージ

（c）大きなホールでのパターン

（d）大きなホールの空間イメージ

図8　リバーブは部屋の反射による複雑な時間遅れをシミュレーションしたい
精度の高い再現を目指すと回路規模が大きくなりすぎるので，ハードウェアでは雰囲気を出す程度が目標になる

音響処理に対するノウハウが必要です．近年では，ホールなどの音響特性を分析して再現するサンプリング・リバーブという考え方まであります．

● 専用モジュールを利用してコンパクトに作る

リバーブを一から作るのは敷居が高いので，専用ICが販売されています．韓国Belton EngineeringのBTDRシリーズはその1つで，構成や残響の長さを選択できます．このシリーズはディジタル・リバーブといっても信号処理用のプロセッサを使うのではなく，遅延時間の異なる複数のディジタル・ディレイを組み合わせてリバーブを実現しているようです．同社はスプリング・リバーブ・ユニットの販売も行っているので，その置き換え用でもあ

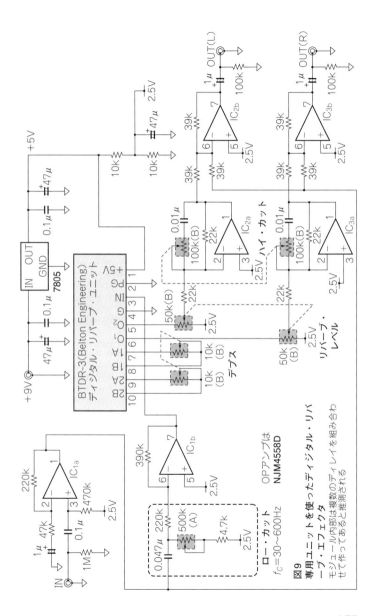

図9
専用ユニットを使ったディジタル・リバーブ・エフェクタ

モジュール内部は複数のディレイを組み合わせて作ってあると推測される

OPアンプは
NJM4558D

ロー・カット
$f_C = 30 \sim 600\ \mathrm{Hz}$

ハイ・カット

リバーブ・レベル

デプス

BTDR-3(Belton Engineering)
ディジタル・リバーブ・ユニット

177

るのでしょう.

　BTDR-3は外付け抵抗で残響時間を可変します. BTDR-3で製作した回路が**図9**です. このディジタル・リバーブ・ユニットを使った信号の波形を**図10**に示します. 電源電圧は5Vで, 周辺のアナログ回路は電源電圧の1/2を基準に動作します. **写真1**の

写真1　リバーブ・ユニットは普通のICよりサイズが大きい

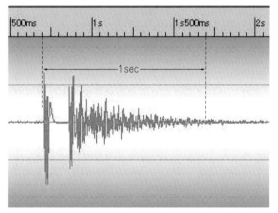

図10　専用ユニットを使ったディジタル・リバーブの波形

ように，コンパクトに作れます．

● ディジタル・ディレイ IC の組み合わせで作る

BTDR シリーズは内部でディジタル・ディレイを組み合わせているようです．それなら，PT2399 のようなディレイ IC で自作できるはずです．

試作してみたのが**図11**の回路です．ディジタル信号処理を使ったリバーブの演算処理とは違って，直感的な音作りを体験でき

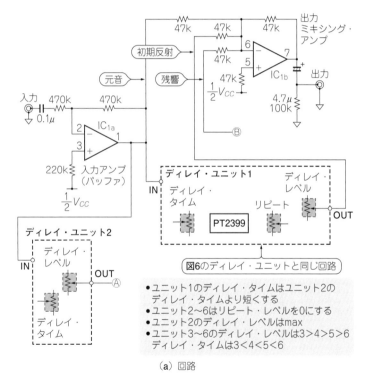

- ユニット1のディレイ・タイムはユニット2の
  ディレイ・タイムより短くする
- ユニット2〜6はリピート・レベルを0にする
- ユニット2のディレイ・レベルはmax
- ユニット3〜6のディレイ・レベルは3>4>5>6
  ディレイ・タイムは3<4<5<6

（a）回路

図11　ディレイIC PT2399を6個組み合わせて作ったディジタル・リバーブ・エフェクタ（その1）
調整箇所が多いので，順番に設定していく必要がある

179

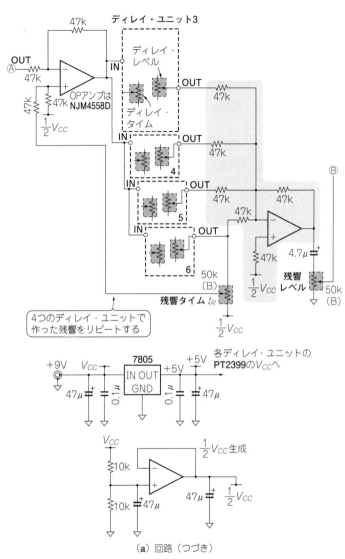

図11 ディレイIC PT2399を6個組み合わせて作ったディジタル・リバーブ・エフェクタ(その2)
調整箇所が多いので，順番に設定していく必要がある

180

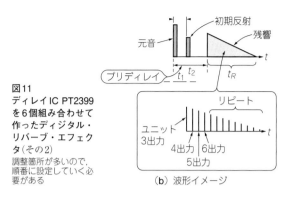

図11
ディレイIC PT2399
を6個組み合わせて
作ったディジタル・
リバーブ・エフェク
タ(その2)
調整箇所が多いので,
順番に設定していく必
要がある

（b）波形イメージ

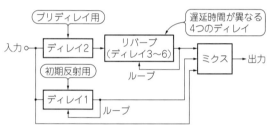

図12　図11のリバーブ・エフェクタのブロック図

ます. 回路規模が大きくなりますが, 多彩なオリジナルの音色を
作れるので, 苦労のしがいはあります.

図12に示すように, 初期反射用に1個, プリディレイ用に1個,
残響用に4個使います. 1番遅延時間の長い出力をフィードバッ
クして, リバーブの深さを調整します.

▶音作りの手順

図13のパルス・ジェネレータを作って, 音と波形を確かめなが
ら調整します. この回路は正弦波を外部入力して使い, 正弦波ま
たはノイズ音源のバースト・パルスを発生します. ノイズ・バー
ストでは0Vに対して非対称な片側パルス波も出せるので, 急激

181

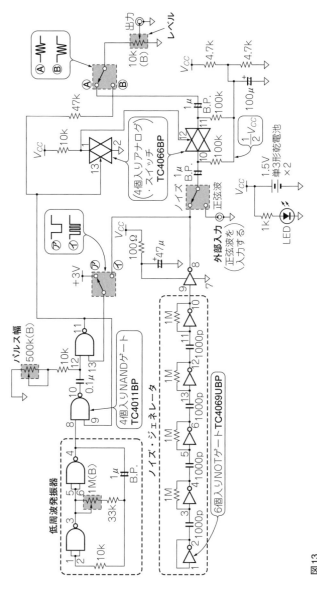

図13
リバーブ・エフェクタの調整に使えるパルス・ジェネレータ
バースト信号を得られるので、反射音や残響音のようすを確認しやすい

な変化を持つ信号が加わったときの動作（音色）も把握できます．

　正弦波の代わりに周波数変調されたトーン（ワーブル・トーンという）を入力すれば，固有周波数に依存しない調整もできます．ただしバーストの発生にゼロクロス検出はないので，波形が切断されたパルスを発生します．

▶初期反射D1，プリディレイD2はそれぞれ単独に調整

　D1，D2は通常のディレイの調整と同じで，それぞれ単独に行います．D3～D6調整は，D1出力を絞り，D2の遅延時間とリピートを最少にしてから行います．

▶残響用D3～D6の調整

　D3から順に調整します．D3はD4～D6の出力を最小にして行います．ディレイ・タイムはD3からD6の順に大きく，出力波形は逆に小さくします．D3からD6を順番に調整して，パルス波が時間とともに小さくなって並ぶようにします．

　パルスが並んだら，D6のリピートを上げリバーブ音を長くします．入力パルス波の長さ，ノイズ/正弦波を切り替え，D3～D6のディレイ・タイムを微調整して，繰り返し感が減る方向を目指します．そののち，D3～D5のリピートを少し上げ，D1の出力リピートを上げて最終調整とします．

　ディレイを組み合わせて作るリバーブは，エコーのような周期的な癖が出やすいのが弱点です．癖を小さくする案の1つに，D6の遅延時間をDCコントロール化して，非常に遅い0.1 Hzのような周波数で微妙に変調する方法があります．これは，Belton Engineering社のモジュールに単純な正弦波を入れたとき，コーラスのようなにじみ感があることから，思い付きました．

■ ばね残響 スプリング・リバーブ

● 残響という感じはないが独特の音色が好まれる

　ホール残響の代用に，昔はメカニカルな各種リバーブが使われ

ていました. 今となっては残響という感じはしないものの, 独特の音色が出せることから, ミュージシャンに根強い人気があり現役で使われています. ソフトウェア処理のエフェクタにも, メカニカルなリバーブをシミュレーションした音色があるほどです.

● ギター・アンプで現役!

メカニカル・リバーブは1950年代末から実用化され, 長い歴史を持ちます. エレキ・ギターとは切っても切れない, と言う演奏家もいます.

メカニカル・リバーブは, コイルばねによるスプリング・リバーブと, 鉄板によるプレート・リバーブの2つに大別されます. スプリング・リバーブは, プレート・リバーブほどの重厚感はありませんが, その代用ではなく, 独自の音色を出します.

インターネットで探すと, スプリング・リバーブ・ユニットはまだ販売されています. エレキ・ギターや電子オルガン用に開発されたものと思われます. サイズは40cmクラスと20cmクラスが多いようです.

スプリングは2本か3本がポピュラです. 太い/細い, スプリングの線径や強度を変える, 異なる種類のスプリングを直列接続するなど, 単調な共振音にならないようにいろいろな工夫がされています.

実際にユニットを入手して試作してみました(**写真2**). 回路図を**図14**に示します.

● 動作原理

入力側のユニットを駆動し, スプリングで接続された出力側のピックアップから出る信号を利用します.

内蔵のドライブ・ユニットは10〜100Ω前後のものが多いようです. 真空管時代のスプリング・リバーブ回路を見ると, 電力増

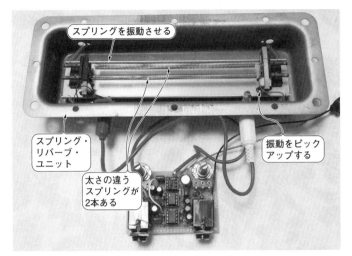

写真2　上側がスプリング・リバーブ・ユニット
ギター・アンプに内蔵することもある

幅管＋出力トランスか，カソード・フォロワで駆動しています．

　100Ω以下をOPアンプで駆動するのは無理なので，ミニ・パワー・アンプであるLM380を利用します．このICは40dB前後の大きなゲインを持ちますが，入力インピーダンスは数十kΩと低めです．エレキ・ギターの出力はハイ・インピーダンスで受けたいので，前段にバッファが必要です．

　ユニットによっては，入力インピーダンスが1kΩくらいと高く，LM380には負荷が軽すぎて動作が不安定になることがあります．その場合はNJM4556など出力電流の大きいOPアンプで駆動すると良いでしょう．

　振動をピックアップするセンサ・ユニットの出力はマイクのように小さな電圧です．OPアンプで約40dB増幅し，元信号とミキシングします．

186

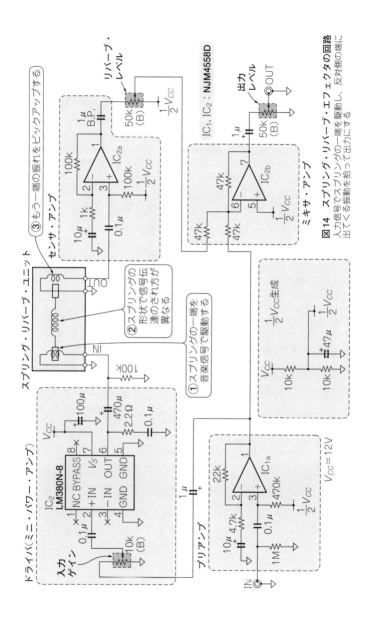

図14 スプリング・リバーブ・エフェクタの回路
入力信号でスプリングの一端を駆動し、反対側の端に出てくる振動を拾って出力にする

IC₁, IC₂：NJM4558D

スプリング・リバーブ・ユニット

① 音楽信号で駆動する
② スプリングの形状で信号伝達のされ方が異なる
③ もう一端の振れをピックアップする

ドライバ（ミニ・パワー・アンプ）
IC₂ LM380N-8

センサ・アンプ

ミキサ・アンプ

プリアンプ

$\frac{1}{2} V_{CC}$ 生成

$V_{CC} = 12V$

● 入力レベル設定

　リバーブ・ユニットに入れる信号のレベルを変えると音色が変化します．半固定抵抗のゲイン・コントロールを入れると，自分のギターに合わせられます．

　ユニットへの入力レベルが大きすぎると「キュル」という独特の音が出ます．その音がする手前でスプリング・リバーブらしい音になります．ユニットへの入力レベルは適切に設定してください．

● 振動対策が必要

　スプリング・リバーブ・ユニットに衝撃を与えてしまうと，ピックアップでその振動を拾って，爆音が出ます．効果音として使うことも考えられますが，通常は異音が発生しないように使います．外部からの振動を防ぐために，ゴムやスポンジでユニットをシャーシやケースから浮かせて取り付けます．

● リバーブ，そしてディジタル・リバーブ

　冒頭で述べたホール・リバーブやスプリング・リバーブ以外にも鉄板のリバーブなどがあり，ディジタル・リバーブ装置ではこうした残響効果を再現しています．

　ディジタル・リバーブは，マルチ・エフェクタIC(DSP)[1]の中に効果としてプリセットされる便利な時代ですが，自分で構成にチャレンジすることで音色効果作りや原理を会得できます．

　すでに入手の難しいBBDのリバーブICやディジタル・ディレイのリバーブICですが，原理構成は音作りのヒントになります．

---

[1]　マルチ・エフェクタICの品種例：BTSE-32FX(Accutronics)，FV1(Spin Semiconductor)，V1000(COOLAUDIO)など．

コラム 「ひびき」をとらえたリバーブ効果の秘密

● 残響の発生原理

　スピーカから発音している音を止めても，聞いている人の付近では，音がすぐに止まりません．これは直接到達する音（直接音）だけでなく，部屋の壁などに何度も反射してから耳に到達する間接音があるからです．発音を停止してから発音時の音量の−60dBになるまでの時間を残響時間としています．**図A**に残響の発生原理を示します．

● 残響時間は音場の容積や周波数によっても変化する

　音場の容積が大きくなると，残響時間は長くなります．残響時間は，音の周波数や壁の形状/材質によっても変わります．試聴室やリスニング・ルームなどでは，周波数特性がフラットになるように設計されています．音楽用ホールは低音の残響時間が長く，高音の残響時間が短い傾向にあります．こうすることで，聴覚的に美しく聞こえることが多いようです．

● リバーブ効果の発生もいろいろ，音もいろいろ

　リバーブ効果を出す方法にはいろいろあります．鉄板やスプリングに音を振動として加えてピックアップしたり，残響室に音を流してピックアップしたりする方法など，音色もそれぞれです．

　本来の残響効果とは違ってもカラオケなどではショート・エコーをリバーブ代用に使いますが，反射が単純で周期性が強くリバーブ効果のような美しく豊かな響きにはなりません．

　最近は，ディジタル信号処理でリバーブを実現するのが一般的です．設置やメインテナンスがしやすく，パラメータ設定で各種のリバーブ効果が実現できるからです．癖の少ない本来の残響に近い音も作れます．

　しかし，専門メーカでも簡単に作れないのがリバーブです．ディジタル信号処理やディジタル・フィルタの基本だけでは作れません．

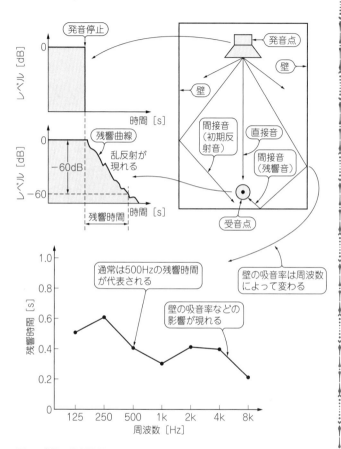

図A 残響の発生原理
音源から音が出なくなっても乱反射によってしばらく聞こえる

189

第5章

音の伸びやアクセント変化で光るサウンド
音量変化系エフェクタ

5-1 上手くなったと思わせる！

クリーン・サスティナ「コンプレッサ」

コンプレッサは，音を長く伸ばす効果があります．ひずみ系エフェクタのディストーションでも同様の効果を得られますが，ひずみが少なく，クリーンで長く伸ばす音が欲しければコンプレッサを使います．

■ 発祥と応用

● こんなエフェクタ

コンプレッサは，1970年代のフュージョン（クロスオーバー）やロックでよく使われました．ギターの音をひずませることなく長引かせる（伸ばす）ことができる「サスティナ」という名前のエフェクタとしても知られています．

表1に示すようにコンプレッサには2種類あります．

● ダイナミック・レンジの圧縮に使うタイプ
● エレキ・ギターなどの音作りに使われるタイプ

どちらも音量を制御する効果には変わりなく，用途はギターに限りません．

ダイナミック・レンジの圧縮に使うタイプがなるべく音色を変えないように使われるのに対して，エレキ・ギター用のコンプレッサは音色加工を目的にします．

音を伸ばすような積極的音作りから，さりげない使い方でいろいろです．適度なひずみ感を得るために，オーバードライブな

初出：トランジスタ技術2017年8月号

表1 コンプレッサの分類

音作りには不可欠なエフェクタ. 今回は下段のギター用を製作する

タイプ	製品例	使用者	目的
アウトボード	● UREI 1176 ● Tube Tech CL1B	エンジニア	● スタジオ用 ● レコーディング用 ● ミキシング用
	働き		特徴
	● ピークを抑える ● 音圧を上げる ● 録音ミスを減らす		● 原音の印象を変えない ● 細かな調整に対応する(つまみが多い). 音量検出ならピーク/平均(RMS)の切り換えなど ● 低ひずみ, 低雑音, 高価

タイプ	製品例	使用者	目的
コンパクト (ペダル型, ストンプ・ボックス)	● MXR Dyna comp ● ROSS Compressor	ギタリスト	● ギター用(ギター単体につなぐ)
	働き		特徴
	● ひずみなく音を持続させる(サスティンを伸ばす) ● 音の粒をそろえる		● かかり方で個性が出る ● 効果の調整はシンプル ● つまみが少ない

※スタジオ仕様の多機能コンパクト・タイプも存在する

どの前にコンプレッサを置くこともあります. 振幅がそろう(音の粒立ちが良くなる)ので, ひずみすぎた音を防げます.

● **ラジオ音声の圧縮用として誕生**

ラジオ放送が始まった時から, 放送規格で決められたダイナミ

コラム　コンプレッサが必要となったもうひとつの理由?

　真空管アンプは, 大音量を出そうとすると電源電圧が下がるので, 完全にひずんでしまう前に音量が抑えられることがありました. その結果コンプレッサの効果が自然に得られました.

　ギター・アンプがトランジスタで作られるようになると事情が変わり, ハード・クリップになります. そこで, エフェクタとしてのギター用コンプレッサが求められるようになった, という見方もあるようです.

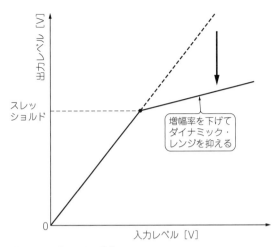

図1　コンプレッサの動作
ある値以上の入力があったときにゲインが下がる

ック・レンジの中に大きな音量の変化をどう収めるかが課題でした．

　そこで使われたのがコンプレッサです．動作を**図1**に示します．
ダイナミック・レンジを小さくできるので，放送に欠かせない機
器になりました．録音（アナログ・レコードの制作）においても重
要な装置になりました．

　エレキ・ギターのエフェクタとしてコンプレッサが登場するの
は1970年代です．

● **エレキ・ギター用コンプレッサの効果**

　図2に示すのは，エレキ・ギターの音にコンプレッサをかけた
ときに得られる主な効果です．

　(a) 圧縮による音のレベル差が小さくなってそろう

　(b) オルガンの音のように音が伸びる

　音が伸びる原理を**図3**に示します．エレキ・ギターの音はもと

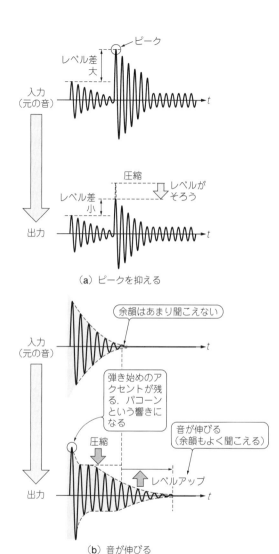

（a）ピークを抑える

（b）音が伸びる

図2　ギター・エフェクタとしてコンプレッサを使ったときの効果

音を出すたびに音量が変わってしまうのを抑えられる．音が伸びる

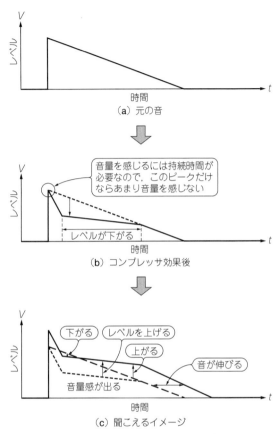

図3 コンプレッサの効果と聞こえる音のイメージ
波形変化以上に音が伸びる感覚がある

もとパーカッシブな音で, 弾いた瞬間に大きな音が出て, 減衰します. コンプレッサをかけると, その減衰の時間を伸ばすことができます.

　音が出ている時間を伸ばす効果が得られることから, サスティナとも呼ばれます.

■ ギター用のメカニズム

● レベルを検出してゲインを変える

ゲインをコントロールして，音が強く出たときは瞬間的にゲインを下げて平坦化し，音量を平均化することで音を伸ばします．

ただし図3に示したように，音の立ち上がり部分にアクセントを残すのがギター用コンプレッサの大きな特徴です．単なる音量制御にはなりません．

原理からすると，音量が抑え込まれ，小さく細くなるだけのように思えますが，実際は下げた分の音量がアップして感じられ，全体として音が伸びて聞こえます．

● ひずみ系とは違いクリアな音で伸びる

コンプレッサでは，クリーンなサウンドを保ったまま，サスティン（音が持続すること）が得られます．音が伸びる効果はひずみ系エフェクタでも得られますが，コンプレッサでは，弾いたときのアクセントを残し，澄んだ音が出ます．

ひずみ系効果は，図4のようにダイオードなどを利用して作られます．音は伸びて感じますが，これは信号の波高がつぶされ，接合間電圧 V_F（シリコン・タイプなら約 0.6 V）で抑えられるためです．音を伸ばそうとすればするほど波形は強くひずみます．音の出始めのアクセントも残りません．

● 信号処理の前後

繰り返しますが，大きな音量を検出したときに入出力ゲインを下げるのがコンプレッサの基本動作です．

ギター用のコンプレッサでは，ただ音量が抑えられることで音が伸びるだけではなく，図3のように音の出だしに過度応答が残っています．この追従するまでの時間がアクセントになります．

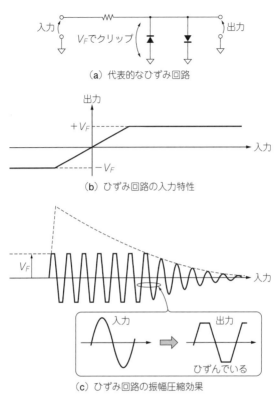

（a）代表的なひずみ回路

（b）ひずみ回路の入力特性

（c）ひずみ回路の振幅圧縮効果

図4　ひずみ系エフェクタでも音は伸びるがコンプレッサとは違う
ほとんどの時間はひずみ音になるし，音の出始めのアクセントもない

　レベル変化は抑えられながらも，音をはっきりさせる重要な働きをします．音が伸び，音量感は増しますが，演奏のアタックは減りません．

　この独特のアタック感はコンプレッサの特徴で，ベース・ギターなどで大変重宝します．ソロ演奏はもちろん，リズム感が減らないカッティング，流れを保ちつつ音が立つアルペジオなどが演奏しやすくなります．

● 回路の構成

コンプレッサは，**図5**に示すように2つのブロックで構成されます.

(1) 信号を整流してレベル検出を行う回路

(2) 可変アッテネータもしくは可変ゲイン・アンプ

検出回路は，入力を監視する方法と出力を監視するの2通りあります．出力を監視する場合はフィードバック動作になります．

信号のレベル変化に追従するには少し時間がかかることから，ギター・エフェクタに使ったときは発音した瞬間には間に合わず，そのときの音がアクセントとして残ります.

入出力ゲインを変えるには，**図6**に示すように可変アッテネー

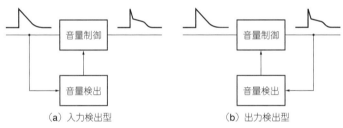

（a）入力検出型　　　　　　　（b）出力検出型

図5　コンプレッサのいろいろと原理
信号の振幅を検出して，ゲインを制御する

コラム　信号レベルを変えるエフェクタのいろいろ

コンプレッサと似た構成のエフェクタにリミッタがあります.最大ピークを押さえ，ひずみを防止し，ダイナミック・レンジを有効に使うのが目的でレコーディング系で利用されます．コンプ・リミッタとして，コンプレッサとリミッタを一緒にして扱われることもあるようです.

信号レベルを制御するものの，コンプレッサの圧縮と逆にダイナミック・レンジを圧縮するのがエクスパンダです．また，あるレベル以下の信号を切ってしまうのがノイズ・ゲートです.

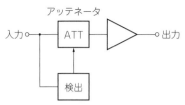

（a）可変アッテネータによる制御

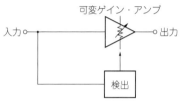

図6
入出力のゲインを変える
回路は2通り
可変抵抗素子を使う場合は
どちらも作れる

（b）可変ゲイン・アンプによる制御

タを使うか，可変ゲイン・アンプを使うかの，2種類の方法があります．

● ゲインの変更に使う素子

　コンプレッサは，可変部分に使う素子やその組み合わせ方にいくつかのパターンがあります．

　図7のアッテネータ型は，可変抵抗素子を制御してレベルを制御します．**図8**の可変ゲイン・アンプ型には，抵抗を可変する方法と，VCA（可変コンダクタンス・アンプ）を使う方法があります．

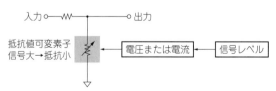

図7　可変アッテネータの回路構成
抵抗値を変えられる素子としてバイポーラ・トランジスタ，JFET，
MOSFET，リニア・フォトカプラ（CdSフォトカプラ）が使われる

198

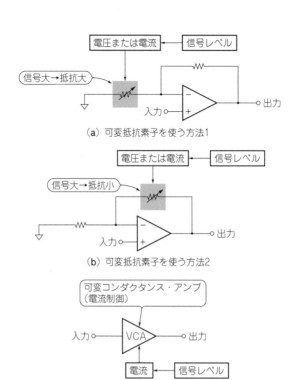

（a）可変抵抗素子を使う方法1

（b）可変抵抗素子を使う方法2

（c）可変コンダクタンス・アンプを使う方法

図8　可変ゲイン・アンプの回路構成
抵抗値を変えられる素子を使うか，可変コンダクタンス・アンプを使う

使用する素子は次のとおりです．

- バイポーラ・トランジスタ

  コレクタ-エミッタ間の抵抗値変化を利用

- JFET，MOSFET

  ドレイン-ソース間の抵抗値変化を利用

- リニア・フォトカプラ

  LED と CdS を組み合わせたフォトカプラ．CdS の抵抗値
変化を利用

- VCA(可変コンダクタンス・アンプ)

バイアス電流によってコンダクタンス(電圧入力-電流出力の係数)が変わるアンプを利用

■ 実際の回路

● JFETによるアッテネータを利用した回路

図9は，JFETのドレイン-ソース間の抵抗値変化を利用して入力レベルをコントロールする回路です．ビンテージ・コンプレッサの定番回路の1つです．

▶回路各部の動作

信号出力が大きくなると，入力のアッテネータが入力信号を下げるように働きます．

IC$_{1a}$は非反転アンプです．入力信号をギターに合わせ比較的高いインピーダンスで受けています．

出力レベルを監視して入力のアッテネータを制御します．出力を検出用の非反転アンプで増幅し，半波整流した電圧でFETのゲート電圧を制御します．

ダイオードはゲルマニウム・タイプを使い，接合電圧による不感帯を小さくしました．シリコン・タイプよりも電流漏れと飽和後の電圧変化が大きいので，コントロール特性にも違いが出ます．

検出アンプを9Vの片電源で動作させるので，非反転入力にバイアス電圧を与えています．

▶可変抵抗素子はJFET

可変アッテネータの素子に接合型FET(JFET)を使用しています．廃品種ですが，まだ入手しやすい2SK30AのGRランクを使用しました．

可変特性を図10に示します．使用するJFETやばらつきにより制御特性が変わります．抵抗変化幅が大きくとれ，変化が急でないほうが使いやすくなります．オン抵抗が低くスイッチ的に変化

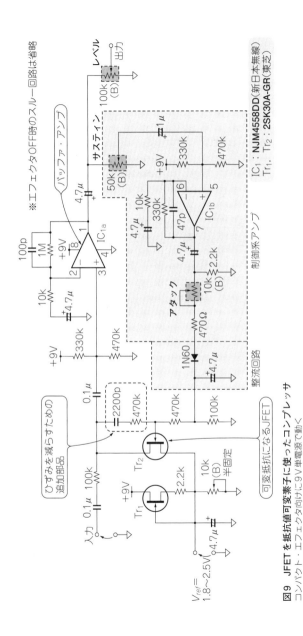

図9 JFETを抵抗値可変素子に使ったコンプレッサ
コンパクト・エフェクタ向けに9V単電源で動く

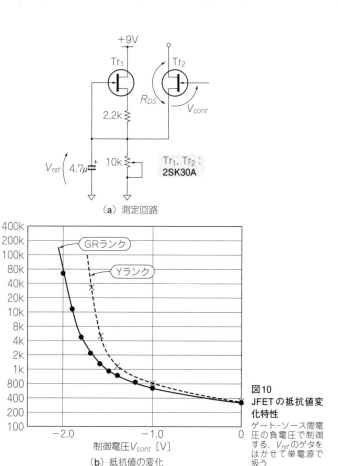

(a) 測定回路

図10
JFET の抵抗値変化特性
ゲート-ソース間電圧の負電圧で制御する. V_{ref} のゲタをはかせて単電源で扱う

ドレイン-ソース間抵抗 R_{DS} [Ω]

制御電圧 V_{cont} [V]

(b) 抵抗値の変化

する品種はこの目的に向きません. 2SK30はオン抵抗が大きい
JFETの代表的な品種です.

▶負電圧の代わりにソース側の電圧をゲタ上げする

JFETを可変抵抗素子として使う場合, ゲート電位は負になり
ます. V_{ref}電圧を作りソース電位をゲタ上げして, 単電源で使え
るようにします. ここでは電源電圧変化を考えTr_1の定電流源で

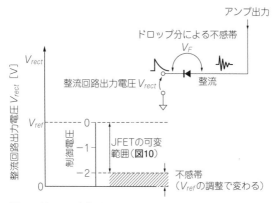

図11 ゲインが変化し始めるスレッショルドは V_{ref} で調整する
不感帯は，ゲインが変わらない領域になる

バイアスを作り，バイアスを基準に負の電圧を与えて制御します．

この回路では，スレッショルド（しきい値）を直接設定できません．不感帯との境がスレッショルドに相当します．不感帯との境は，図11のようにゲタ上げの電圧 V_{ref} で動くので，V_{ref} を設定する半固定抵抗を調整します．信号を入力し，レベル可変がスムーズなポイントを見つけて設定します．サスティンのボリュームも操作して，圧縮可変できる幅を確保できているか確認します．

ひずみ改善用の素子も付けていますが，この回路は可変素子のJFETによるひずみがあり，ビンテージ・エフェクタではそれが好まれる音色の元になっています．

● **動作チェックのコツ**

製作後，最初に電源を入れる（火入れ，Burn in という）ときは，一度，制御ループを切っておきます．

図5で示したように，音量制御部（可変アッテネータ）と音量検出部の組み合わせでできています．まずはそれぞれ単独に動作確認を行います．その後，接続して全体動作を確認します．

● 可変素子はバイポーラ・トランジスタでも作れる

可変抵抗部分は，**図12**(a)のようにトランジスタのコレクター
エミッタ間を使うこともできます．この場合，V_{BE}電圧を変えれ
ば良いので正電圧で制御できます．ただし温度特性もあり，
JFETに比べると変化特性はかなり異なります．特性例を**図12**
(b)に示します．

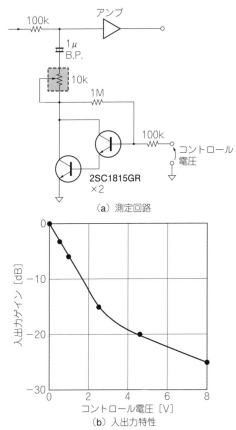

（a）測定回路

（b）入出力特性

図12
バイポーラ・トラン
ジスタも抵抗値変化
素子として使える
温度変化が大きく扱い
にくい

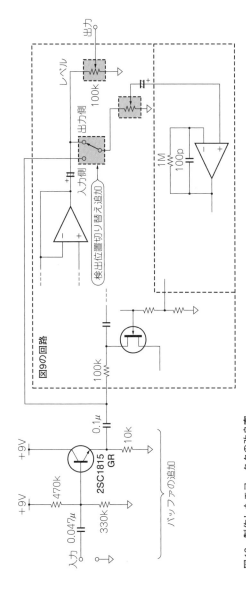

図13 製作したエフェクタの改良案
バッファの追加と、入力側検出か出力側検出かを切り替えるスイッチの追加

205

● 改良案

▶特性を安定させるバッファ・アンプ

このアッテネータ方式では，ギターの出力インピーダンスが特性を決める素子に含まれます．**図13**のように，バッファを入れた

コラム　レコーディング用とギター用の違い

コンプレッサには，ギター用のコンパクト・エフェクタだけでなく，ラックタイプのレコーディング用（スタジオ用）もあります．

エフェクタとしての形状デザインの違いもありますが，レコーディング系のものはパラメータが多く，検出系（サイド・チェーン）入力が独立しています．

ギター用コンプレッサはいくつかのパラメータが固定化され，使いやすくなっているものが多いようです．

コンプレッサの効きを決めるつまみは，コンパクト・エフェクタの場合，サスティン，センスなど，いろいろな名称が付いています．

スタジオ機器のコンプレッサでは，スレッショルド，レシオなど統一された名称となっています（**図A**）．

スレッショルドならdB，レシオなら2：1，4：1など押さえ込む比率が目盛りで設定できます．コンパクト・タイプでは設定できない機種もあるアタック，リリースなども調整できます．

マスタリングで使われるコンプレッサは，いかに音色を変えずにレベルだけを変化させるか，検出部分の動作の速さ，可変アンプのひずみなど，物理的な特性が重視されています．しかし，動作原理や内部構造が全く違うわけではないので，パラメータ設定次第で，ギター向きの音作りも可能です．

コンプレッションがかかりやすくなるよう，スレッショルドを低く，レシオを大きくして，アタック・タイムやリリース・タイムを短すぎないように（アタック4〜5ms，リリース1〜1.2sec）設定すると，ギター用コンパクト・エフェクタのような動作が期待できます．

ほうが特性が安定します.

▶入力検出と出力検出の切り替え

　図9は出力電圧を見てアッテネート量(減衰量)を決めているコンプレッサです. バッファを前置すれば, 検出を出力側にしてル

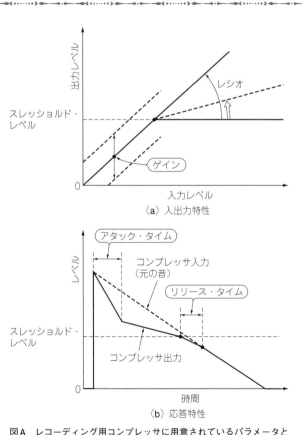

（a）入出力特性

（b）応答特性

図A　レコーディング用コンプレッサに用意されているパラメータと波形の関係

ープに入れるかどうかを選べる機器にできます.

▶ギター以外への活用

　検出ループを切って，音量検出部へ外部入力を入れられるようにすると便利です.

　音量検出部への入力にフィルタなどの外部回路をインサートできるようにする方法もあります. ハイ・パス・フィルタをインサートすれば，ボーカルの録音時，子音を抑えたいと気に使われるディエッサというエフェクタを構成できます.

▶帯域分割フィルタとの組み合わせ

　マスタリングで使われるコンプレッサは，多数の楽器がミクスされた音源に対応するため，オーディオ帯域を3～5バンドに分割し，帯域別にコンプレッサの設定が可能なタイプが一般的です. マルチバンド・コンプレッサと呼ばれます.

コラム　コンプレッサの使い方と作り込み

　エレキ・ギターでは，ひずみ系効果ほど強烈な音ではないものの，コンプレッサも独特な音になります. 心地良い効果は入れっ放しになりやすいと言われますが，浅くコンプレッサをかけてどこか「穏やかな音」程度に抑える，効果を前に出さない使い方も知られています.

　開発視点で言えば，使い方に適した可変範囲，分解能を持たせているかは注意したいところです. ニーズや応用を十分知った作り込みはもちろん，新しい使い方への可能性を持たせるという点で，コンプレッサのような派手ではないエフェクタこそ留意が必要です.

スタジオ用やボーカル用にも使える「スペシャル・コンプレッサ」

　可変抵抗素子にJFETを使ったコンプレッサは，ひずみが大きい反面，独特な音の艶や伸びを感じさせます．ここでは可変抵抗素子にCdsフォトカプラを使用した低ひずみのコンプレッサと，可変コンダクタICを利用した汎用的に使えるコンプレッサを作ります．

■ 弾き方で雰囲気が変わる
フォトカプラ・タイプのコンプレッサ

● 応答速度の悪さが音の特徴

　最もひずみが小さくできるコンプレッサがCdSフォトカプラを使ったタイプです．

　弾き方によっては音の変化が少なく感じますが，応答が速くないので，カッティングなどでは大きな変化があります．

　CdSフォトカプラは，LEDに電流を流す→LEDが光る→光によりCdSの抵抗値が変化する，という動作原理のため，抵抗値の変化は瞬時に行われず，タイム・ラグがあります．ややゆっくり圧縮がかかるので，それが音楽的に好まれる独特の音を作っています．

● 回路の概要

　図1に回路を，試作基板を**写真1**に示します．

　Cdsフォトカプラは，LCR-0203を使用します．アナログ・タイプのCdsフォトカプラは少なくなりましたが，これは秋葉原の秋月電子通商や日本橋の共立エレショップで入手できます．

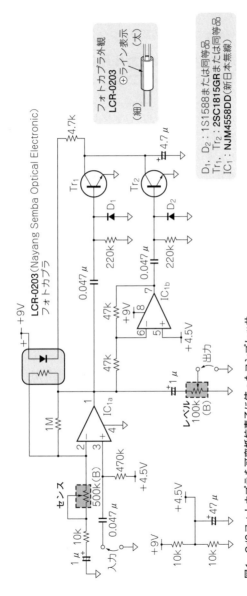

図1 CdSフォトカプラを可変抵抗素子に使ったコンプレッサ
CdSフォトカプラは,他の可変抵抗素子よりひずみ率が小さいこと,応答が遅いことが特徴

写真1　図1の回路の試作基板

　フォトカプラの可変抵抗素子をOPアンプ回路の帰還抵抗と並列に入れています．フォトカプラのLEDに流れる電流が大きくなると，可変抵抗素子の抵抗値が下がってゲインが下がります．

　制御系では，トランジスタをスイッチ的に使ってコントロール電圧を作っています．波形の正側，負側の両方でONになるよう反転アンプで逆相信号を作っています．

● GND側の抵抗を変える方法もある

　図1の回路では，帰還抵抗を可変してゲインを制御しています．GND側の抵抗を可変することもでき，その場合は制御方向が逆になります．すなわち，制御回路への入力電圧が大きくなるほど，抵抗値が大きくなる必要があります．

　可変抵抗素子をグラウンドとの間に設置した具体例を**図2**に示します．

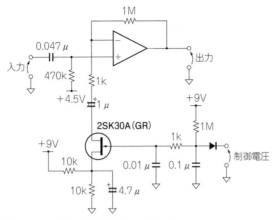

図2 JFETを使った可変ゲイン・アンプ
制御電圧が負方向に大きくなるとJFETの抵抗値が上がってゲインが下がる

■ 調整範囲が広いVCAタイプ

● 応答が速く素直な特性

　フォトカプラ・タイプより応答が速く，JFETよりも低ひずみ，ゲインの変化範囲が広くて入力に対する変化特性は素直，素子によるばらつきが小さく作りやすいのがVCAタイプです．

● 可変コンダクタンス・アンプを使った回路

　コンダクタンスとは，入力電圧-出力電流変換ゲインのことです．可変コンダクタンス・アンプ(VCA, Variable Conductance Amplifier)がIC化されています．

　VCAを使ったコンプレッサ回路の例を**図3**と**写真2**に示します．この回路のキー・デバイスCA3080はシンセサイザやエフェクタではOTA(Operational Transconductance Amplifier)と呼ばれる定番ICで，コントロール電流により入力電圧-出力電流の変換ゲインを制御します．

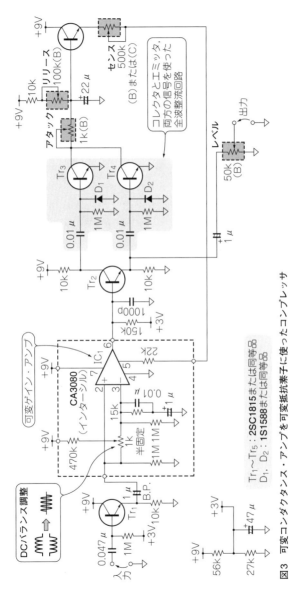

図3 可変コンダクタンス・アンプを可変抵抗素子に使ったコンプレッサ
CA3080は昔の定番ICだったが，生産中止になり入手しにくい

Tr₁～Tr₅：2SC1815または同等品
D₁, D₂：1S1588または同等品

入力

DCバランス調整

可変ゲイン・アンプ

CA3080
（インターシル）

半固定

アタック
リリース

センス
500k (C)

コレクタとエミッタ
両方の信号を使った
全波整流回路
(B)または(C)

レベル
50K (B)

出力

213

写真2　図3の回路の試作基板

　図3の回路では，トランジスタ1石のエミッタ・フォロワを電流バッファとして前置しています．出力側に必要なバッファもトランジスタです．

　検出部分はフォトカプラの回路と同様ですが，こちらは応答速度を調整するアタックやリリースがあります．

　CA3080は，アナログ回路で作られていた時代の電子楽器で重宝しましたが，現在は生産されていません．

▶入手しやすいLM13700で置き換え可能

　CA3080は過去のコンプレッサ製品で多用されたため，他のデバイスでは置き換えにくいように見えます．

　実際は，より安価なVCA，例えば2チャネル入りのLM13700の片側で置き換え可能です．置き換えるときのピン接続を**図4**に示します．コントロール特性には**図5**のように少し違いがあります．制御入力（アンプ・バイアス）のゲタ電圧が異なります．

　LM13700にはトランジスタ・バッファを内蔵しています．しか

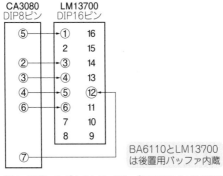

図4 可変コンダクタンス・アンプCA3080をLM13700で置き換えるときのピン変更
LM13700は現行品．ただし2ユニット入りなので1ユニット余る

し**図3**では，バッファに使っているトランジスタのコレクタとエミッタ，両方から出力を取り出すので，内蔵バッファは使用できません．

▶耳に付くノイズを減らすための工夫

図3のCA3080周辺回路には，**図6**に示す工夫があります．DC的には反転・非反転入力で対称的ですが，AC的には高域で非反転側がショートされるため，高域が持ち上がる特性になります．しかし電流出力を電圧に変換する抵抗に並列に*C*が入っているため，出力電圧は高域カットされます．総合特性は平坦化されます．CA3080のノイズを低減するプリエンファシス/ディエンファシスになっています．

▶検出回路

整流回路には，**図7(a)**に示す半波整流と同**7(b)**，**(c)**のように全波整流する方法もあります．リプルを気にするなら，このような全波整流とし，さらに平滑コンデンサも大きくしますが，応答反応が遅くなります．

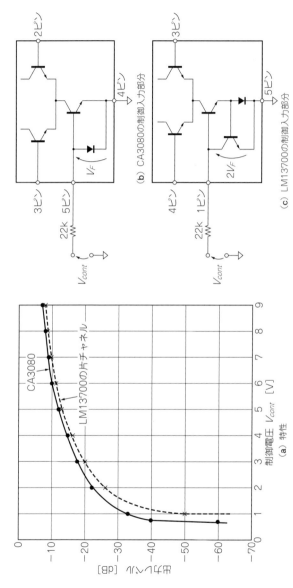

図5　可変コンダクタンス・アンプで作った可変ゲイン・アンプの特性比較
内部回路の都合で制御電圧が0.6V異なる以外はほぼ同じ特性

(a) 特性

CA3080

LM13700の片チャネル

出力レベル [dB]

制御電圧 V_{cont} [V]

(b) CA3080の制御入力部分

2ピン
3ピン
4ピン
5ピン
V_F
22k
V_{cont}

(c) LM13700の制御入力部分

3ピン
4ピン
5ピン
1ピン
$2V_F$
22k
V_{cont}

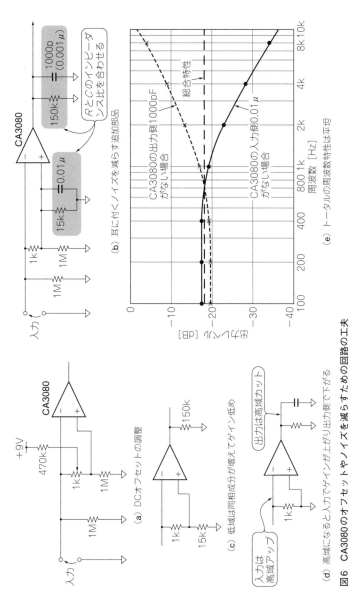

CA3080

(a) DCオフセットの調整

+9V
470k
1k
1M
1M
入力

(c) 低域は同相成分が増えてゲイン低め

1k
15k
150k

(d) 高域になると入力でゲインが上がり出力側で下がる

（入力は高域アップ）
（出力は高域カット）
1k

CA3080

入力
1k
1M
1M

15k
0.01μ

RとCのインピーダンス比を合わせる

150k
1000p
(0.001μ)

(b) 耳に付くノイズを減らす追加部品

(e) トータルの周波数特性は平坦

ゲイン [dB]

0
−10
−20
−30
−40

100　200　400　800 1k　2k　4k　8k 10k
周波数 [Hz]

総合特性

CA3080の出力用1000pF
がない場合

CA3080の入力用0.01μ
がない場合

図6　CA3080のオフセットやノイズを減らすための回路の工夫

217

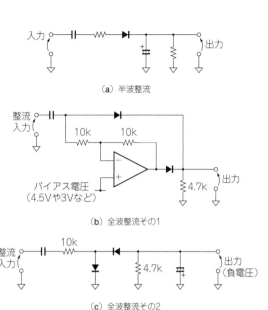

（a）半波整流

（b）全波整流その1

バイアス電圧
（4.5Vや3Vなど）

（c）全波整流その2

図7 検出制御回路に使う整流回路

■ 多彩な音作りができる2バンド・コンプレッサ

● 帯域別に過渡応答を調整できる

　コンプレッサでは，アタックやリリースで調整できる過渡応答が音作りのポイントです．それらを帯域別に調整できると，音作りの可能性が広がります．

● 2ユニット入りのLM13700を生かせるようコンプレッサ回路を2つ持たせる

　LM13700は，セカンド・ソースにNJM13700があるなど現行生産品で入手しやすいVCAです．

　LM13700のピン配置を**図8**に示します．2ユニット入りなので，**図3**のような普通のコンプレッサ回路に使うと1ユニットが余っ

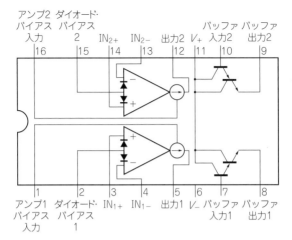

図8　入手しやすい可変コンダクタンス・アンプLM13700
2ユニット入りでバッファも内蔵している

てしまいます.

　2ユニットとも利用して, 高音用と低音用のコンプレッサ回路を構成し, それぞれ別処理するならLM13700のメリットを生かせます.

● 帯域ごとにコンプレッサの設定が異なるメリット

　マスタリングでは, 多数のソースをミックスした音源に対応するために, 帯域を3〜5バンドに分割したマルチバンド・コンプレッサがよく使われています. 楽器によってコンプレッサの効かせ方を変えたいのが大きな理由です.

　ギター用のコンプレッサなら, 低域と高域で設定の異なるコンプレッサ効果を得られるだけでも, 対応範囲が広くなり, カッティングでもソロでも十分な効果が期待できます.

● 周波数分割に便利なアナログ・フィルタ

　周波数の分割には状態変数型フィルタを使います．高音用のハイ・パス・フィルタ出力と低音用のロー・パス・フィルタ出力が同時に得られます．2連ボリューム1個でカットオフ周波数を連

コラム　可変ゲイン回路を作るデバイスとひずみ率

　可変ゲイン回路の実測特性をデバイスごとに並べました（**図A**）．デバイスによって，ひずみ率にかなり違いがあります．

　JFETの場合，補正回路を入れることでひずみ率が下がります．

　この中ではCdSフォトカプラによるコンプレッサが圧倒的に低ひずみです．スタジオ機器のコンプレッサでCdSフォトカプラが使われていた理由もわかります．

　楽器用エフェクタとして考えるなら，ひずみ成分の違いも音作りの重要な要素です．

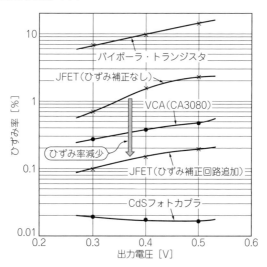

図A　可変ゲイン部分のデバイスによりひずみ特性が異なる
CdSフォトカプラが最も低ひずみ

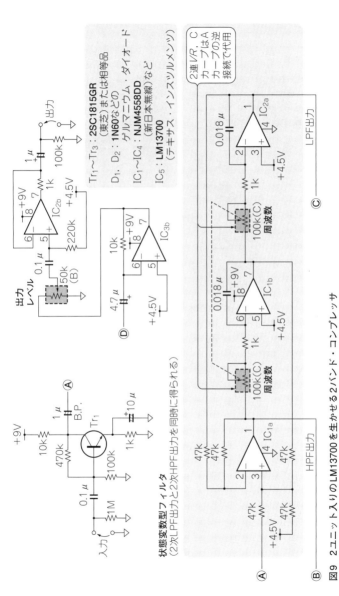

図9 2ユニット入りのLM13700を生かせる2バンド・コンプレッサ
高域と低域で、センス／アタックなどの設定を変えられる

状態変数型フィルタ
（2次LPF出力と2次HPF出力を同時に得られる）

Tr₁～Tr₃：**2SC1815GR**
（東芝）または相等品
D₁, D₂：**1N60**などの
ゲルマニウム・ダイオード
IC₁～IC₄：**NJM4558DD**
（新日本無線）など
IC₅：**LM13700**
（テキサス・インスツルメンツ）

2連 I/R．C
カーブはA
カーブの逆
接続で代用

出力
レベル

入力

B.P.

HPF出力

LPF出力

周波数

周波数

出力

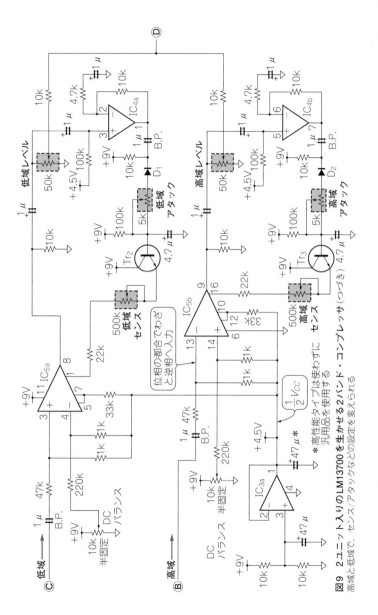

図9 2ユニット入りのLM13700を生かせる2バンド・コンプレッサ（つづき）
高域と低域で、センス/アタックなどの設定を変えられる

222

動して連続可変できるので，コンパクト化に好適です．

● 回路

　LM13700を使った2バンド・コンプレッサ回路を**図9**に示します．フィルタ回路ではカットオフ周波数が実測で80Hz～8kHzで可変できます．試作基板を**写真3**に示します．

　検出制御回路は**図3**と同じ回路を2つ持たせても良いのですが，IC内蔵バッファを利用してトランジスタの数を減らしています．

　検出は半波整流で，信号が入るとコントロール電圧が下がります．

　LM13700は，$(1/2) V_{CC} (+4.5\,\mathrm{V})$ を基準として動作させています．

　カットオフ周波数では，ロー・パス・フィルタ出力の位相が $+90°$，ハイ・パス・フィルタ出力の位相が $-90°$ となっています．単に加算すると打ち消されるので，高域側は反転入力に信号を入力して，

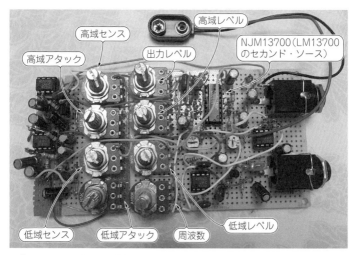

写真3　図9の回路の試作基板

223

低域側とは位相を反転させています.

■ コンプレッサの応用

● きつい子音を和らげる「ディエッサ」

ギター以外への活用を考えるなら,図10のように検出ループを切って外部信号で制御できるようにすることが必須です.

完全に独立した入力を持たせる方法と,フィルタなどをインサートできるようにする方法があります.

図11のように,ハイ・パス・フィルタをインサートすれば,ボーカルの耳に付く子音を抑えるエフェクタ「ディエッサ」を構成できます.

2バンド・コンプレッサでも高域と低域で効果のかかり方を変

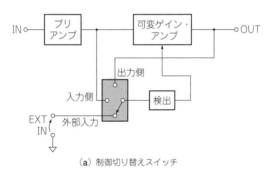

（a）制御切り替えスイッチ

（b）接点を利用した自動　　　（c）検出回路の前に外部回路を
　　切り替え　　　　　　　　　　入れられるインサート仕様

**図10　コンプレッサの活用範囲を広げるなら検出制御回路への
外部入力が欲しい**

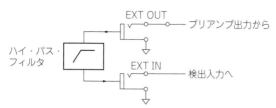

図11　検出回路の前にハイ・パス・フィルタを入れるとディエッサを作れる
ボーカル音源の子音が耳に突くときに加えるエフェクタ

えられるので，構成は変わりますが，子音を抑えめにする動作が可能です．

コラム　エフェクタの用途と設定や表示

　レコーディング機器では，通常の使用状態では素通し(効果のかからない状態)がボリューム最大の状態になるものも多いです．これにより，コンプレッサではボリュームを下げるほど圧縮効果がかかることになります．つまり，ボリュームを右に回すほど効果が大きくなるという考え方とは逆になります．

　こうした設定の方向性は直感的なほど使いやすいですが，用途と考え方で変わってきます．出力レベルを表示して効果のガイドとするのと，検波出力表示でかかり具合を示すのでは分かるところが変わってきます．これも用途で判断するところでしょう．

　他の効果を広く見渡せば，LFOのオシレータは右に回すほど周波数は高くなり，遅延時間は右へ回すほど長くなり(クロック周波数では低く)ます．使いやすさ分かりやすさで，いろいろなケースが出てきます．

音量激変エフェクタ「トレモロ&オート・パン」

■ 音量を変化させるエフェクタ

● 周期的に音量を変化させるトレモロ(tremolo)

　トレモロは，音量変化を加える効果です．ギター，キーボード，レコーディングなどで使われていて，ビンテージ・ギター・アンプにも内蔵されています．

　電子オルガンでは，マンドリンやビブラホンに似た音色を作るためにも利用されました．ロータリ・スピーカでの音量変化シミュレーションの一部でもあります．音を機関銃のように途切れさせるような音色を作ることもできます．

　1Hz前後の周波数で音量を変化させるのが一般的な使い方です．ステレオなら，左右に音が揺れるフライング・パンポットになります．

　音量変化の信号源を作る低周波発振器(LFO)の周波数を10Hz付近まで高くすると，楽器音をちぎる機関銃のような断続音が得られます．LFOの出力に回路を追加して，三角波を台形波に変換して使うと，より強い断続感が作れます．

● 音量を左右互い違いに変化させるオート・パン(auto pan)

　音量の大小を左右逆にすると，音の定位が左右に変化します．それがオート・パンです．

　「フライング・パンポット」と「ステレオボックス」はトレモロを得られる回路をステレオ・デュアル構成にして得られる効果です．音が左右に飛んだり，音が出る方向が入れ替わったりします．

初出：トランジスタ技術 2015年11月号

オート・パンの片チャネルだけを使っても，その効果は得られます．

■ 作り方

● 電圧でゲインを制御できるアンプ「VCA」を使う

外部からの電圧によって増幅度を制御できるアンプをVCA（Voltage Controlled Amplifier）といいます．トレモロやオート・パンはこのVCAで作ります（**図1**）．

音量の制御というと，電子ボリュームを連想するかもしれません．しかしエフェクタに使うVCAは，複雑な電圧波形に応じて音量を制御できるものが必要で，普通の電子ボリュームICはそういった使い方を想定していません．

楽器用エフェクタに使うVCAは，トランスコンダクタンス・アンプと呼ばれる，電流によって増幅度を制御できるアンプを使うのが現実的です．専用ICがあります．

簡易的には，JFETのドレイン-ソース間抵抗値変化やバイポーラ・トランジスタのコレクタ-エミッタ間の抵抗値変化によりVCAを作ることもあります．

ここでは，応用範囲の広いトランスコンダクタンス・アンプのLM13700（テキサス・インスツルメンツ）を採用しました．

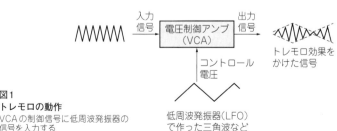

図1
トレモロの動作
VCAの制御信号に低周波発振器の信号を入力する

227

┌───┐

コラム　コーラス回路で作るトレモロ

　遅延回路を使った変調によるコーラス/トレモロがあります.
この遅延によるトレモロ効果は, 元波形との干渉によって生じさ
せるもので, もともとは回転スピーカで生じるドップラー効果を
シミュレーションしようとした回路です. 結果として振幅変調も
起こるので, VCAによるトレモロとよく似た効果が得られます.

　遅延回路によるトレモロは, 音程変化も加わる独特の変化です.
LFOによる変調周波数を下げるほど, コーラスに近づいていきま
す. 元波形との干渉により効果が生まれるので, 入力信号される
信号によっても効果のかかり方が変わります.

　それに対してVCAによるトレモロは, 音色に与える影響がほ
とんどなく, 入力信号に依存しないシンプルな効果です.

└───┘

● VCA製作の定番！ LM13700の使い方

　LM13700シリーズは電流制御トランスコンダクタンス・アン
プを2つ内蔵しており(**図2**), 1個でステレオ電子ボリュームを構
成できます. チャネル間誤差はデータ・シートによれば0.3dBで,
実質的には外付け部品や調整方法のほうが影響します.

　内蔵アンプの等価回路を**図3**に示します. 差動入力-電流出力
の回路と, ダーリントン構成のバッファ・アンプで構成されます.

　供給電圧範囲は±2〜18Vと広く, 相互コンダクタンス(順方向
トランスコンダクタンス)g_mの可変範囲は6ディケード(10の6
乗)以上です.

　差動入力部分をわかりやすく描き直すと**図4**のようになります.
Q_4, Q_5の差動増幅回路, 出力を取り出すカレント・ミラー回路,
共通エミッタの定電流回路からなります. 出力電流は, 入力電圧
V_{in}とコントロール電流I_{abc}で決定されます.

　図5のように, 出力の5番ピン(または12番ピン)とGNDとの
間に負荷抵抗を入れると電圧出力が取り出せます. 負荷の影響を

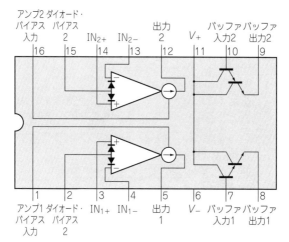

図2 可変ゲイン・アンプVCA製作の定番! トランスコンダクタンス・アンプLM13700の内部ブロックとピン配置

2回路ぶん入っている. ダイオード・バイアスは直線性の改善に使える端子だが, 今回は使わない

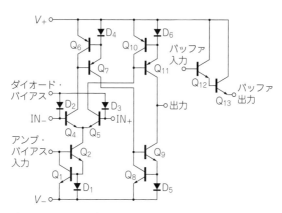

図3 トランスコンダクタンス・アンプLM13700の等価回路(この回路が2つ入っている)

バイアス電流を変えられる差動入力-電流出力回路と, バッファ回路で1回路ぶん

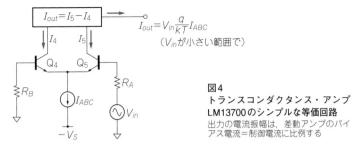

$$I_{out} = I_5 - I_4$$

$$I_{out} = V_{in}\frac{q}{kT}I_{ABC}$$
（V_{in}が小さい範囲で）

図4
トランスコンダクタンス・アンプ LM13700のシンプルな等価回路
出力の電流振幅は，差動アンプのバイアス電流＝制御電流に比例する

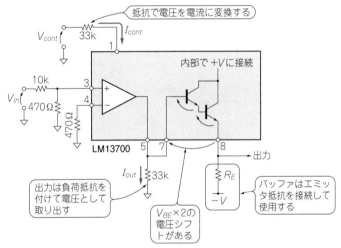

抵抗で電圧を電流に変換する

V_{cont}　33k　I_{cont}

内部で+Vに接続

V_{in} 10k　470Ω　470Ω

LM13700

出力は負荷抵抗を付けて電圧として取り出す

I_{out} 33k

$V_{BE}×2$の電圧シフトがある

出力

R_E　-V

バッファはエミッタ抵抗を接続して使用する

図5　トランスコンダクタンス・アンプLM13700の使い方
出力電流を負荷抵抗で電圧に変換し，バッファ・アンプを介して出力する

避けるために，電圧バッファを経由して出力とします．

　内蔵の電圧バッファを使う場合，ダーリントン接続のトランジスタを経由するので，出力はバッファ・アンプ入力に対して$2V_{BE}$のレベル・シフトを生じます．直流まで含む信号を扱いたい場合，このレベル・シフトがあると不便です．そのときは**図6**のように，FET入力のOPアンプを用意してバッファ・アンプにします．

　コントロール電圧は抵抗を挿入して電流として与えますが，

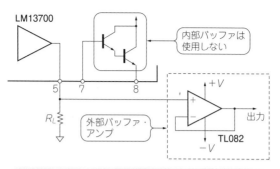

内部の出力バッファを使用せず外部のボルテージ・フォロワ
で出力を取り出すとレベル・シフトが生じない

**図6 トランスコンダクタンス・アンプLM13700で直流を扱う
場合はバッファ・アンプを外付けする**

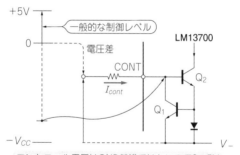

コントロール電圧はGND基準ではないので0〜5V
などの一般的な制御では工夫が必要

**図7 トランスコンダクタンス・アンプLM13700のコン
トロール端子の内部回路は負電源を基準にして動くので
GND基準の制御信号は入力しにくい**

図7のように，グラウンド基準ではありません．そこで簡易的な
方法として，**図8**のように，PNPトランジスタをGNDとの間に接
続します．こうすると，コントロール電圧として直流電圧を加え
ることで音量レベルが制御できます．
　コントロール電圧を工夫すればエフェクタとして活用できます．

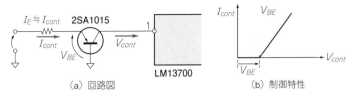

(a) 回路図 (b) 制御特性

図8 トランスコンダクタンス・アンプLM13700のコントロール端子に外付けする回路
GND基準の制御信号で制御電流を変えられる

■ 回 路

製作したトレモロ＆オート・パンのブロック図を**図9**に，回路図を**図10**に示します．

電源にACアダプタを利用できるように単電源+12VでLM13700を動かします．OPアンプで$(1/2)V_{CC}$を作って，動作上のグラウンドとします．

VCAを変調するLFOは，三角波で0.1〜10Hzを発振させます．どのようなコントロール電圧が来ているのかを確認できるように，

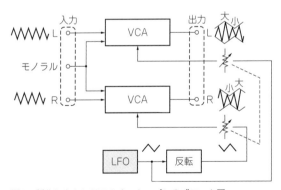

図9 製作したトレモロ＆オート・パンのブロック図
左右に音が振れるオート・パン．片チャネル出力だけ使えばトレモロになる

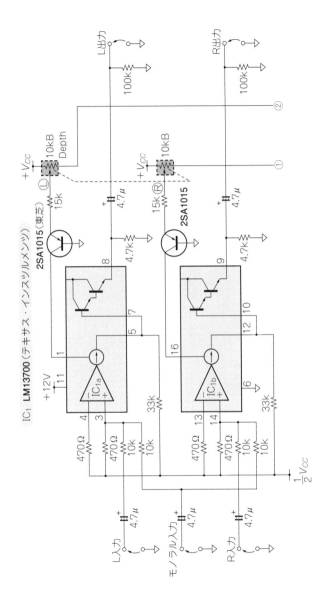

図10 製作したトレモロ&オート・パンの回路図
外部制御信号入力を持っている

233

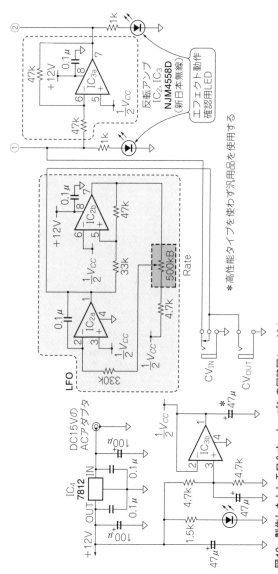

図10 製作したトレモロ＆オート・パンの回路図（つづき）
外部制御信号入力を持っている

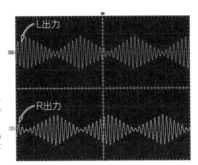

図11
**製作したトレモロ&オー
ト・パンの出力波形**（1V/
div，100ms/div）
左右に同じ波形を入力してい
る．左右の音量変化が逆になっ
ている

LEDを点灯させます．

　図の定数だと，振幅が削られる方向で動作します．LFO出力は
$(1/2)V_{CC}$を基準に出力されるので，VCAのコントロール端子に
PNPトランジスタを入れて電圧電流変換しています．コントロー
ル電圧にV_{BE}分のオフセット電圧があります．

　拡張端子のCV$_{IN}$，CV$_{OUT}$端子を用意しました．CV$_{IN}$端子にプ
ラグを差すと，外部からのコントロール電圧が使われます．CV$_{OUT}$
は後述します．

　電源には15VのACアダプタを使い，3端子レギュレータで
12Vを作っています．パネルにはRATE，DEPTHという2つの
パラメータのボリュームが並びます．

　トレモロ&オート・パンの動作波形の例を**図11**に示します．

■ 製作した「トレモロ&オート・パン」の応用

● ギターの信号からCV信号を作って入力

　VCAの制御信号を外部から入力できるCV$_{IN}$端子を設けました．
ギターの信号を整流回路に通しエンベロープを取り出して入力す
れば，信号にダイナミックスを付けたり，スロー・アタックでバ
イオリン奏法的な演出，コンプレッサ的な動作などに拡張できま
す．

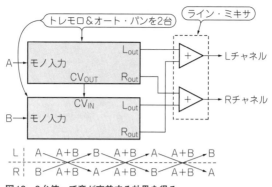

図12 2台使って音が交差する効果を得る

● 左右の音が交差するエフェクト

内部の制御信号を出力できるCV_{OUT}端子も用意しています. このエフェクタが2台あれば, 1台目の制御信号を使って2台を同期して動かせます. 図12のようにつなぐとステレオで左右の音が同時に交差する効果を得られます.

■ 回路のバリエーション

● VCAをいろいろな方法で作る

60年代の真空管式ギター・アンプに内蔵されていたトレモロは, 真空管のアンプのバイアスを変調するものでした. ギターからの信号がない時にも, スピーカのコーン紙がゆらゆら揺れた思い出があります. 変調用低周波は, 移相型発振回路で作られていました.

ギター用のコンパクト・エフェクタでは, トランジスタのコレクタ-エミッタ間やJFETのドレイン-ソース間の抵抗変化を利用する回路が多いようです. 素子の抵抗変化特性からすると, 滑らかな変調ではないのですが, 数Hz以上で変調すると, 変化感が強くアクセントのある音色が得られます.

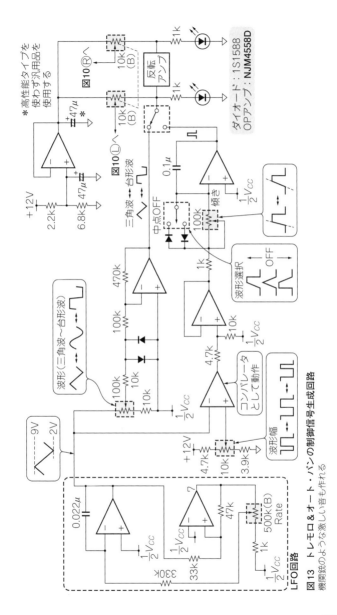

＊高性能タイプを使わず汎用品を使用する

ダイオード：1S1588
OPアンプ：NJM4558D

図10Ⓡへ

反転アンプ

＋47μ ＊

＋12V
2.2k
6.8k
47μ

図10Ⓛへ

三角波↔台形波

中点OFF

0.1μ

傾き

$\frac{1}{2}V_{CC}$

波形選択

$\frac{1}{2}V_{CC}$

OFF

波形（三角波～台形波）

470k

100k

100k 10k

100k
10k

$\frac{1}{2}V_{CC}$

1k

$\frac{1}{2}V_{CC}$ 10k

4.7k

コンパレータとして動作

$\frac{1}{2}V_{CC}$

波形幅

+12V
4.7k
10k
3.9k

−9V
−2V

LFO回路

0.022μ

$\frac{1}{2}V_{CC}$

$\frac{1}{2}V_{CC}$

1k

7

47k

500k(B) Rate

330k

33k

$\frac{1}{2}V_{CC}$

1k

$\frac{1}{2}V_{CC}$

図13 トレモロ＆オート・パンの制御信号生成回路
機関銃のような激しい音も作れる

237

抵抗変化素子として，CdSフォトカプラを使用する方法もあります．電流変化から抵抗変化までの過渡応答特性が悪いので，独特の音色変化を生みます．この用途には，現在では少ないアナログ・タイプ，それも大きなインピーダンス変化が必要です．市場ではなかなか良い品種が少ないのが現状ですが，VTL5C3(Cool Audio)，LCR0203(N.S.O.E)などが使えそうです．

● 制御信号を工夫して機関銃のような音を作る

真空管アンプに組み込まれていたころのトレモロ効果は，変調波漏れなどはあっても，正弦波などを信号源にした比較的丸い波形での変調です．ビンテージ・トレモロとも呼ばれます．

近年のギター・サウンドでは，もっと過激なトレモロが使われます．機関銃のようなスイッチング奏法など，バラエティある音です．

図10の回路は，音色の変化から，ステレオ・パンのような空間的変化まで得られるように作りましたが，さらに発展させた制御回路を**図13**に示します．

オート・パンならLFOの上限周波数は2Hz程度で十分ですが，音色効果として使うなら，10Hz程度は欲しくなります．過激な効果を得るには，変調波形も少し工夫したいところです．

制御波形のバリエーションにはいろいろなものが考えられますが，三角波をダイオード・クリップすることで台形波を得られます．入力する三角波の振幅の大きさで，三角波から台形まで変化させられます．

機関銃サウンドには非対称波形も好ましく，デューティ比を変え，積分器に入力して傾斜を付けるなどで音色に変化を加えることができます．

6-1 弾きの強弱やペダルの踏み込みで通過帯域を広げたり狭めたり

キャンキャン！ モコモコ！
カットオフ周波数可変フィルタ「ワウ」

■ ワウはこんなエフェクタ

ワウは，フィルタの周波数特性を演奏中に変化させて，音色を変化させるエフェクタです．金管楽器では弱音器というお椀のようなものをラッパの先に当てて音を丸めます．演奏によっては，

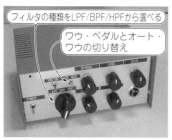

フィルタの種類をLPF/BPF/HPFから選べる
ワウ・ペダルとオート・ワウの切り替え

（a）正面

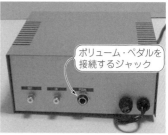

ボリューム・ペダルを接続するジャック

（b）背面

（c）内部

写真1
製作したワウ
ボリューム・ペダルをつなげば，
ワウ・ペダルとしても使える

その強弱を使うこともあります．ワウはそれを電気的に行うエフェクタです．**写真1**に製作したワウを示します．

● ペダルの踏み込み具合でフィルタのカットオフが変わるマニュアル式のワウ（ワウ・ペダル）

　ワウ・ペダルの原理を**図1**に示します．ペダルの踏み具合（角度）を可変抵抗から電圧として取り出し，電圧制御フィルタ（VCF）に入力して音色を変えます．定番方式は，LCR直列共振回路の抵抗値を足で踏んで変化させ，フィルタのカットオフ周波数を変えます．

● 自動でフィルタ特性を変えるオート・ワウ

　ワウ・ペダルがマニュアルなのに対して，オート・ワウは，ペダルを踏まなくても自動で音色を変化させます．オート・ワウは，ギターなどの弦を弾いた後の音の減衰のしかた（エンベロープ）に応じてフィルタのカットオフ周波数を変えます（**図2**）．

　多くの楽器は，発音の瞬間に高調波をたくさん出し，時間とと

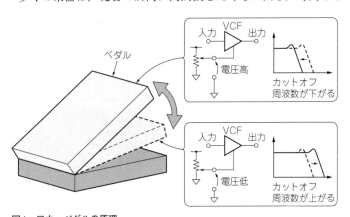

図1　ワウ・ペダルの原理
ペダルの踏み方でフィルタの周波数特性が変わり，音色が変わる．古典定番は直列LCR共振を変化

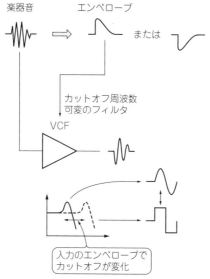

楽器音　　　　エンベロープ

または

カットオフ周波数
可変のフィルタ

VCF

入力のエンベロープで
カットオフが変化

図2　オート・ワウの原理
振幅変化でフィルタのカットオフ周波数を変化させ，
音色を変化させる．ギターやベースで便利

もにそれが減っていくのが普通です．演奏方法や楽器によりその
経過や度合が変わります．オート・ワウは，立ち上がるときの高
調波を減らして音を丸めます．

　エンベロープそのものでVCFを動かすのが一般的ですが，立
ち上がって減衰するところに時定数を設けても面白い効果が作り
出せます．入力された信号のエンベロープを抽出する検波回路と，
その出力でコントロールされるVCFとで構成します．

■ 使い方

　オート・ワウとワウ・ペダルの動作はスイッチ1つで切り換え
られます．エレキ・ギターを接続できるように，ハイ・インピー
ダンスの入力も設けてあります．いろいろな楽器に使えるように，

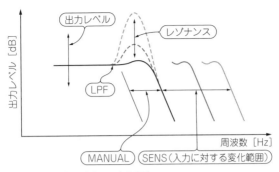

図3 設定できるパラメータの意味

LPF，BPF，HPFの3種類のフィルタがあります．エレキ・ギターにはBPFが，エレキ・ベースにはLPFが適します．

　LPFを構成した場合の設定パラメータを図3に示します．フィルタのカットオフ周波数調整(MANUAL)，ペダル操作に対する感度(SENS，これはカットオフ周波数の変化範囲)，フィルタ特性におけるピークの有無(レゾナンス)を調整できます．

● ワウ・ペダル(マニュアル)

　ペダル部の製作は難しいので，市販のボリューム・ペダルを利用します．ボリュームにDC電圧を加えて，エフェクトをかける間，終始ボリュームを動かし続けると，接触不良を起こす可能性があります．そこで，DC電圧ではなく，発振器で作ったAC信号をペダルに送るようにします．ペダルから得られる信号でフィルタを動かします．交流信号の処理はオート・ワウの回路で対応できます．動作を図4に示します．

● オート・ワウ

　スイッチをオート・ワウ側に切り替えて，音源を接続すれば，振幅に応じてワウの効果がかかります．

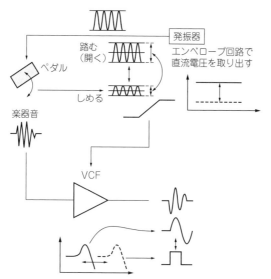

**図4　ペダルの踏み込み具合は正弦波発振器の出力レベルの
変化で捉らえる（接点がない）**
ボリュームの接触不良（ガリガリ音）を防ぐために交流信号を使う

　エレキ・ギターやエレキ・ベースの場合は楽器入力につなぎま
す．信号レベルに応じてゲインを調整してください．レゾナンス
を上げれば特徴的な音になります．

■ 回　路

● 楽器入力用にゲイン設定可能な前置アンプを用意

　回路を**図5**に，ブロック構成を**図6**に示します．

　シンセサイザで使われるVCFではもともと扱う電圧が大きく，
整流出力にも大きな電圧が必要です．

　特にオート・ワワは，弦の弾き方によって音のニュアンスが大
きく変わります．効き具合をちょうど良いポイントに合わせ込む
ために，ゲインの調整範囲は大きめに取るほうが良いでしょう．

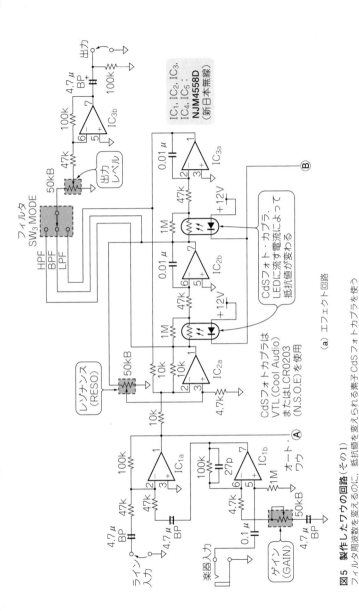

図5 製作したワウの回路(その1)

フィルタ周波数を変えるのに、抵抗値を変えられる素子CdSフォトカプラを使う

(a) エフェクト回路

CdSフォトカプラは
VTL(Cool Audio)
またはLCR0203
(N.S.O.E)を使用

CdSフォト・カプラ.
LEDに流す電流によって
抵抗値が変わる

IC_1, IC_2, IC_3,
IC_4, IC_5:
NJM4558D
(新日本無線)

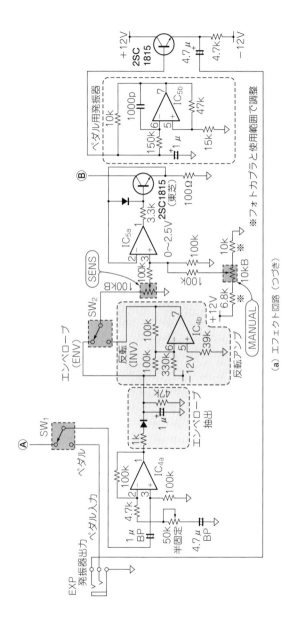

図5 製作したラウの回路（その2）
フィルタ周波数を変えるのに、抵抗値を変えられる素子CdSフォトカプラを使う

(a) エフェクト回路（つづき）

245

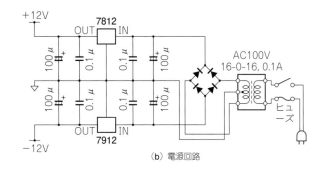

（b）電源回路

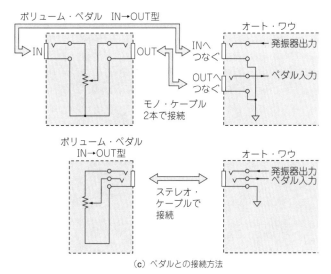

（c）ペダルとの接続方法

図5　製作したワウの回路（その3）
フィルタ周波数を変えるのに，抵抗値を変えられる素子CdSフォトカプラを使う

　前置きアンプはゲインを調整できるタイプにします．ギターなどでは信号レベルが小さいだけでなく，出力インピーダンスも高いので，その意味でもアンプが必要です．

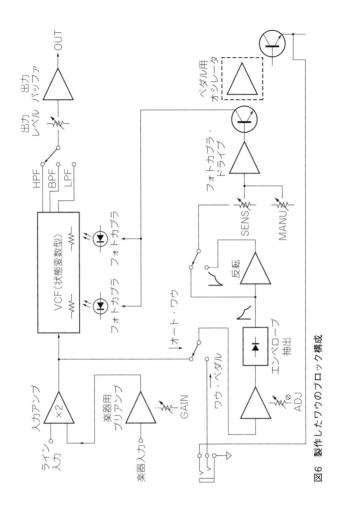

図6 製作したワウのブロック構成

● エンベロープ抽出はダイオード検波

OPアンプを使った理想的な半波整流回路や全波整流回路を使うこともありますが，ここでは単純なダイオード検波を使っています．平滑コンデンサには並列抵抗を入れ，リリース回路を構成

247

します．この値はワウのダイナミックな音色に関わり，演奏方法と関係します．自分の弾き方に合わせて調整します．

● 音色を決める電圧制御フィルタVCF

　VCFには各種ありますが，ワウでよく見かけるのはシンセサイザでも定評のあるダイオード・ラダー型VCFです（図7）．これはダイオードに流す電流を変えると，ダイオードの内部抵抗が変わることを利用するものです．差動アンプで受けて，コントロール電流の変化分を除去します．過去のワウは，進化の経緯からこのタイプのVCFが多いようです．

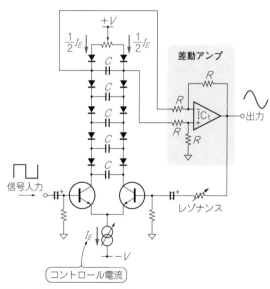

図7　ダイオード・ラダー型VCF
LPFとなる．市販のワウはこのタイプを使っていることが多い

● ステート・バリアブル型を選択してLPF/BPF/HPFを同時に
作る

　ステート・バリアブル型(状態変数型)フィルタを選びました.
−12dB/oct構成のフィルタでLPF, BPF, HPFの3出力が同時に
得られます.

　本器のように楽器を固定せずにエフェクタを考える場合は,
HPF/BPF/LPFを選択できると活用の幅が広がります. 例えば,
ギターに特化してBPFで構成するとベースでは芯が細くなりま
す. その場合は, LPFを選びます. ワウの場合, 特徴ある音色が
ボーカルの音域音色に当たりやすく, 音が被ることもあります.
その場合はHPFを選ぶと, アンサンブル的な使い方ができます.

　ステート・バリアブル型はOPアンプ1個で構成できる一般の
フィルタに比べると, 同じしゃ断特性を得るときの回路規模が大
きくなります. 積分器2個と加算アンプまたは差動アンプで構成
されるためです.

　また, フィルタのQ(共振)を周波数と独立して決められます.
Qを高くとることも比較的簡単です. この2つはエフェクタとし
て非常に有用です. 2次フィルタの構成で−12dB/octとなり, 同
値の抵抗2本と同値のコンデンサ2個でカットオフ周波数が決ま

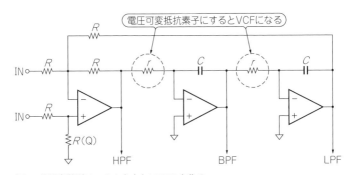

図8　状態変数型フィルタをもとにVCFを作る
部品点数は増えるが, LPF, BPF, HPFの3つを同時に得られるメリットがある

ります．カットオフ周波数を変化させるには，図8のように2つ
の抵抗を可変素子にします．

● 可変抵抗素子にCdSフォトカプラを利用

　抵抗値が変化する素子として，CdSフォトカプラ（アナログ・フ
ォトカプラ）を使います．

　フォトカプラは，回路やシステムのアイソレーションに用いま
す．伝達変化特性が急峻なディジタル型と，なだらかなアナログ
型がありますが，変化部分を使うエフェクタやシンセサイザでは，
アナログ型を利用します．品種で言えばアナログ的変化領域の広
いものが効果的です．

　VCFの可変素子に使えるフォトカプラは手持ちに何種かあっ
たので（写真2），簡単に交換できるようにソケット式にしました．

　入手できるCdSフォトカプラにより変化特性が変わり，調整位
置や音も変わってきます．CdSフォトカプラの入手が難しいよう
であれば，CdSとLEDを組み合わせて自作するのも面白そうです．
今回の回路では2個必要なのですが，この2つの特性を合わせる
のがポイントです．

　VCF部を他のタイプに置き換えるのも，音色や効果変化のバ
ラエティとして興味深いところです．

写真2　∞Ω〜数kΩまでの変化が緩いフォトカプラが良い

● 電源

　回路の電源は±12Vです．±電源のACアダプタは入手しにくいので，電源トランスを内蔵してAC100V入力にしました．入力ジャックは使用する楽器に合わせて用意するのが良いでしょう．基板の組み立てはフォトカプラなど特殊な形の部品があるので，スペースを広めにとって実装したほうがよいでしょう．

● トランスコンダクタンス・アンプでもVCFを作れる

　可変フィルタを実現するにあたって，どのように可変抵抗素子に置き換えるかで種類があります．今回はVCFを構成する素子としてCdSフォトカプラが入手できました．しかしCdSフォトカプラは入手しにくくなっています．

　VCFを別のデバイスを使って構成する方法は，トランスコンダクタンス・アンプを使う方法が有名です．さまざまなVCFが構成できます．コントロール電流により相互コンダクタンスg_mが変化する性質を利用します．

　一般のフィルタと同様にLPF，HPFなどが構成できます（**図9**）．1段1次では−6dB/octで，VCFとしては効果が足りません．特性的には少なくとも2次以上が必要です．**図10**に，OTA（Optical Transconductance Amplifier）を使ったVCFの回路例を示します．

● 試行錯誤の部分が大きいので製作は慎重に

　ギターなどダイナミックな楽器は，弾くタッチで効果のかかり具合が変わります．試行錯誤で定数変更をしていくことになると思います．

　このような試作要素の強い製作では，いきなりケースに入れるのではなく，まずは基板状態で検証したほうが良いでしょう．回路構成や定数が決まってから，基板をまとめ直してケースに入れたほうが，失敗なく，自身の個性を生かしたものを作り出すこと

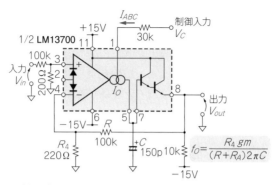

(a) 可変コンダクタンス・アンプのVCF（ロー・パス・フィルタ）

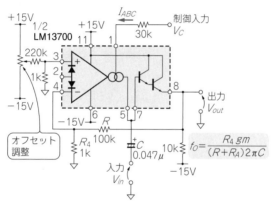

(b) 可変コンダクタンス・アンプのVCF（ハイ・パス・フィルタ）

図9　可変コンダクタンス・アンプLM13700で作るVCF（1次）

ができます.

● 効果のかかり具合を表示すると使いやすくなりそう

　楽器入力には増幅用のアンプを用意しています. ここでゲインを上げすぎると飽和状態となり, フィルタはディジタル的な変化になりがちです.

　入力する信号レベルを考慮して使うと効果的なのですが, 動作

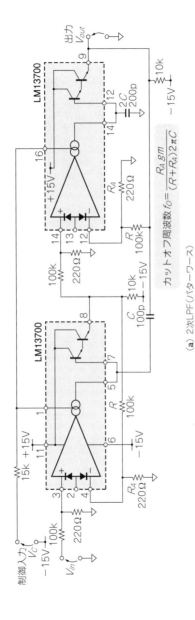

図10 可変コンダクタンス・アンプ LM13700 で作る VCF (2次) (その1)

(a) 2次LPF (バターワース)

カットオフ周波数 $f_0 = \dfrac{R_A \, g_m}{(R+R_A)2\pi C}$

253

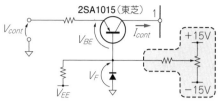

(b) 0Vからの制御電圧にインターフェースする回路

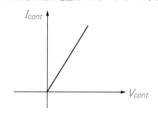

(c) (b)の回路での制御特性

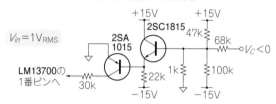

(d) 指数特性を持たせたコントロール回路

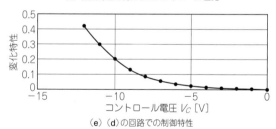

(e) (d)の回路での制御特性

図10　可変コンダクタンス・アンプLM13700で作るVCF（2次）
（その2）

がわかりやすいようにLEDで効果電圧の変化を表示すると使いやすくなりそうです.

楽器×音声！ ロボット・トーキング・エフェクタ 「ボコーダ」

　楽器音を人の声のように変化させるのがボコーダです．ボコーダの原理は，70年以上前より電話回線の音声処理の中で研究されていました．1970年代後半に，鍵盤付き楽器の形でボコーダが登場しています．

■ 原 理

● 生声の周波数成分を抽出して，楽器音の周波数成分の大きさを変える

　ボコーダの原理を図1に示します．入力した音声を10〜16個くらいのバンドパス・フィルタ（分析フィルタ）に加えます．製品のボコーダでは1/2oct幅，すなわち中心周波数が$\sqrt{2}$倍に高くなっていくバンドパス・フィルタを並べることが多いようです．

　楽器音も別系統で，同じ周波数のバンドパス・フィルタ群を通して，各周波数別の成分に分けます．

　声を分析フィルタに通したときに得られるレベルに合わせて，楽器の周波数成分を調整して，足し合わせます．声の周波数特性と同じ特性を持つフィルタが楽器音にかかると，楽器をしゃべらせたような効果が得られます．

● 人の声は「音源＋フィルタ」で作られていると考える

　人間の声を1つの楽器と考えると，声帯が音源であり，喉から口にかけてをフィルタと見ることができます．このフィルタと同じ特性のフィルタを作って楽器音を通せば，人の声のような音になるのではないかと考えられます．

初出：トランジスタ技術2015年8月号

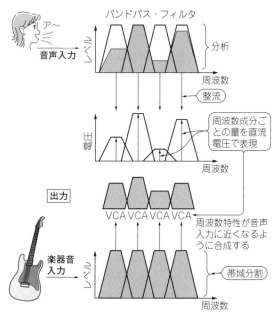

図1　ボコーダの原理
たくさんのバンドパス・フィルタを並べて，周波数成分を分析し，周波
数分布を楽器の音で再現する

　ただし，喉の奥から発する高調波を多く含む音が複雑に加工さ
れるような処理は，シンセサイザのVCFに使われているフィル
タではとても・ま・ね・できません．人間がしゃべる(歌う)ような音を
出すには相当複雑なフィルタリングが必要です．

● 周波数分布を調べて再現する

　実際にしゃべっている声の周波数成分を分析して，似たような
周波数分布になるように楽器音を加工するのがボコーダの原理で
す．

　人間の発声の認識(特に母音)では，**図2**のようなフォルマント
と呼ばれる独特の周波数分布が重要です．これに高い周波数の子

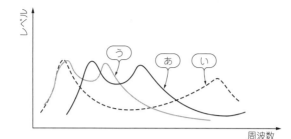

図2 人の声は特徴的な周波数特性(フォルマント分布)を持つ
この周波数特性を再現できれば,楽器の音が元になっていても人の声の
ように聞こえる

音成分が加わると,言葉の1音1音が構成されます.ボコーダで
はこれらの仕組みを楽器の効果に利用しています.

　ここで面白いのは,入力した音声信号の音程は無視され,楽器
音のものに差し替えられるという点です.楽器音が声として聞こ
えるかどうかの落とし穴がここにもあります.

● **楽器音にない成分があると再現不足…声の成分を一部通過さ
せたりノイズを足したり**

　声を分析した周波数特性を楽器音に反映しようとしても,該当
する周波数帯域が弱ければ,十分な動作ができません.そこで,
既成のボコーダには分析周波数ごとにレベルを調整できる機能が
付いています.楽器ごとに調整して補正します.

　もっと極端な例として,該当する周波数帯域成分が楽器音に含
まれなければ,どんなにゲインを上げても音になりません.この
問題は高い周波数になるほど深刻です.特に高い音は,言葉を特
徴付ける子音の帯域で,言葉の判別には不可欠です.

　そこでボコーダでは,声の成分のうち子音に相当する部分は,
加工した楽器音に直接付加する機能を持たせます.楽器音に含ま
れないなら,ノイズ音源など使って成分を追加し,それにフィル

タ＋VCAをかけようという考えもあります．声と楽器音を完全に分けて考えるのではなく，混ぜるという発想もあります．

　実際のシステムには，これらの機能に加えて，ノイズ低減のためのコンパンダが採用されていたり，出力にコーラスやアンサンブル効果を加えられたりと工夫がされています．しかし，もともと規模の大きいボコーダの回路がさらに拡大してしまい，作るのは大変です．

■ 使い方

　ボコーダ効果が有効な楽器は，高調波をたくさん含む音で，単音より和音，減衰音よりは持続音です．エレキ・ギターのディストーションやコンプレッサがよくかかった音などは効果抜群です．

コラム　エフェクタの音は時間をかけてじっくり作り込む

● 特徴を捉える

　目標が具体的なほどチャレンジはしやすくなります．目標が頭の中にあるより，実際にある楽器や音色であるほうが比較は容易です．

　比較による違いを小さくすれば目標に近づくはずですが，なかなかうまくいきません．単に似せようとするだけだと，かえって違いは目立つものです．

　違いを追いかけるのではなく，目標とする音の特徴を捉え，その特徴を再現するのが，音作りのノウハウだと思います．歌手のものまねで言えば，声がそれほど似ていなくても，癖やうたい方を誇張してまねると，似ている感じがするそうです．

● 使う楽器を想定した演奏方法で評価する

　シンセサイザの音色やエフェクタの効果は，それを使う楽器の演奏方法で評価する必要があります．

　シンセサイザでピアノ音らしい音を作っても，ギターの開放音

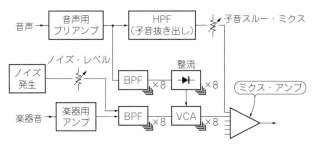

図3 製作したボコーダのブロック図
楽器に含まれない周波数成分を補うため，子音のような周波数の高い音は通過させ，ノイズも加える

ボコーダの多くが，キーボードに組み込まれています．音源と一体化された原因は，効果が得にくい音があるからだろうと考え

の音高で鍵盤をストローク弾きしたらギター音ぽく聞こえた，という経験があります．楽器の音は，演奏方法や，楽器の構造上の制限と切り離せません．

さらに，音色や効果は，演奏や奏法にも影響を与えています．立ち上がりの遅い楽器や音色では，演奏家がその遅れを補正すべく早く操作している，という事実があります．応答が早すぎると，逆に弾きにくくなります．

● 慌てず，時間を置いてから再評価

経験上，1度追い込んだと思っても，少し時間をおいて再評価をしたほうが良いでしょう．

前日深夜まで音作りして，翌朝，同じ音を聴いてみたら，まったく違った印象を受けるということはよくあります．

特に可変範囲の設定は，さまざまな条件をカバーする必要があります．追い込みとは別作業で行ったほうが良い場合が多いようです．あまりに広い可変範囲は使にくいのですが，狭いと対応が取れない，ということになります．

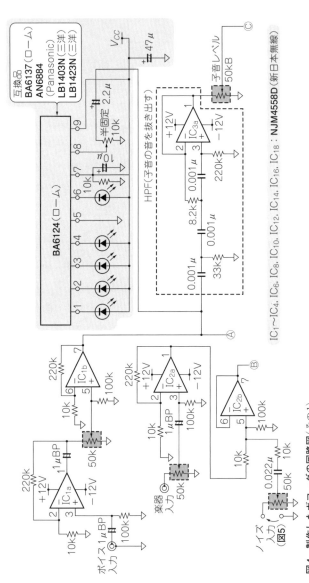

図4 製作したボEーダEの回路図(その1)
できるだけシンプルに! 帯域を8分割に絞り、フィルタも2次や3次に抑えた

IC₁～IC₄, IC₆, IC₈, IC₁₀, IC₁₂, IC₁₄, IC₁₆, IC₁₈ : NJM4558D(新日本無線)

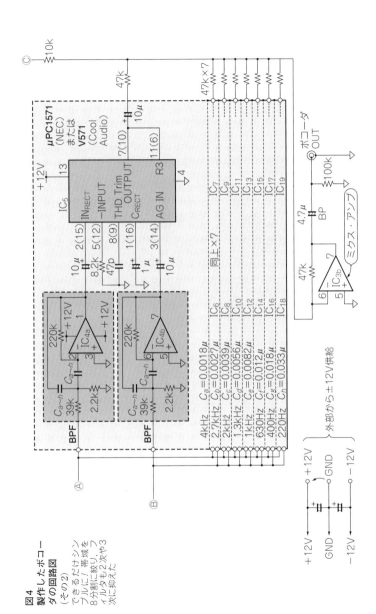

図4
製作したボコーダの回路図（その2）
できるだけシンプルに！帯域を8分割に絞り，フィルタも2次や3次に抑えた

261

られます.

　ボコーダはライブやレコーディングで利用されています.

　アンサンブル・エフェクト回路を後置すると, 厚みのある合唱サウンドになります.

■ 回 路

　全体構成を図3に, 回路図を図4に示します. 経験から, ボコーダを実現するうえで課題となるのは回路規模だと思います. 帯域分割するフィルタの数だけ, 分析側と楽器側の回路が必要です. 分析フィルタの数を減らす, 1帯域ごとの回路規模を小さくする, という対策が必要です.

　帯域は8分割まで減らし, ICを使って回路規模を縮小します. 分析側, 楽器側のバンドパス・フィルタも2次に絞りました.

　音声はマイク入力を直接受けられるように, 大きめのゲインを持たせ, 可変できるようにします.

　子音通過フィルタも簡略化し, 3次HPFフィルタだけにしています. 楽器側の信号の有無にかかわらず, レベル・ボリュームが上がっていれば音声が出てしまいます.

　Signetics社の圧縮伸長用IC NE570を使って効率良く構成できることは30年以上前に紹介され, 公知となっています. NE570は, 表面実装のセカンド・ソースなら入手できますが, DIP品の入手は難しそうです.

　同等品のうち, 電話回線用のIC μPC1571(NEC)を使用しましたが, セカンド・ソースのV571(Cool Audio)が秋月電子通商から入手できるのでこれを採用します.

　シンセサイザとしては, ワン・パッケージに2個のVCAとエンベロープ・フォロワを内蔵しているICです. このICを1帯域について1/2個利用(1つのICに2ユニット入っている)します. NE570, NE571, その互換品はそのまま置き換えできます.

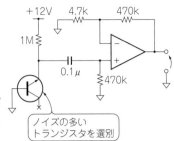

図5
楽器音に追加するノイズ
を発生させる回路
シンセサイザやエフェクタ
ではよく使う

明瞭度向上のために，楽器入力にノイズを加えています．ノイ
ズ・ジェネレータは，**図5**のようにトランジスタのエミッタ-ベー
ス間のPN接合を降伏させてノイズを発生させます．

電源は±12Vを外部から供給します．BA6124によるレベル・
メータでMIC入力を監視します．

■ 応 用

● 簡略化したぶん性能に限界がある

過去に10バンドで2段BPFのボコーダを作った経験がありま
す．しかし今回は，作りやすさを考え，経験から周波数を選んで
8バンドまで減らし，BPFも1段としました．子音通過回路も簡
易的なものにして，ゲート処理はせずHPFでそのまま通過させ
ています．バンドごとのレベル調整もなくしました．このような
方法で回路規模は約半分くらいになっています．

その代わり，フィルタのすそ野が甘いため，声のゲインを上げ
ると，声以外の成分も拾って音漏れがしやすくなります．声以外
の周囲音などを排除するためには，マイクの近くで大きめの声で
使う必要があります．

子音通過にゲート処理がないので，楽器を鳴らさないときも子
音が出ます．これは演奏での注意でカバーできるでしょう．でき
れば**図6**のように，楽器入力がないことを検出して必要ないとき

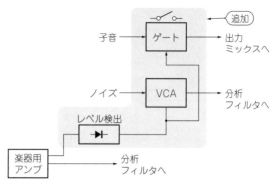

図6 楽器から音が出ていない間は子音が出力されないようにするエフェクタ「ノイズ・ゲート」
子音を取り出す回路にこれを加えたほうが扱いやすくなる

は通過させない(ゲートをかける)ようにすると良いでしょう.

子音通過感がわざとらしいときは,子音レベルを下げ,ノイズのミクス・レベルを上げると効果的です.楽器音量に合わせノイズ・レベルをコントロールする方法もあります.

聴感は不思議なもので,ノイズを混ぜるだけでも言葉が認識しやすくなります.ノイズの中から予測的に必要な音を耳が見つけ出すためらしく,下手に分析フィルタを細かくするよりは,ノイズを加えるほうが効果的かもしれません.

● シンセサイザにも組み込める

使い方の工夫はありますが,ボコーダらしいサウンドをこの規模で楽しめるのは興味深いと思います.

楽器側に声と似たような周波数成分が必要となるので,エフェクタとして使うよりは楽器の中に入れるのが良いかもしれません.

シンセサイザの1モジュールとするのも面白いと思います.回路規模を小さくし,ボリューム類を大幅に減らして作りやすくしたことが生きると思います.

使用部品と入手についての
ヒントとアドバイス

　どんな部品を選び，どう組み上げるか．オリジナル・エフェクタはそこからスタートします．部品の種類形状，単位や定数の読み方，部品の方向など，製作に必要な基本知識は，月刊「トランジスタ技術」の別冊付録にある「エンジニア手帳」にまとめられています．以下，本書で使用した部品を紹介します．

　抵抗・コンデンサなど基本部品に関しては一般品を使用しています．音質チューニングからは少しまとめ買いをして余剰を持っておくと便利です．

　音質を求めるあまり，抵抗やコンデンサ，さらには線材に至るまで品質を気にする方もいますが，その必要はありません．回路構成や能動デバイスが与える音質の違いのほうが，はるかに大きく支配的な影響を与えます．

● 抵抗とコンデンサ

▶抵抗

　1/4Wまたは1/6Wの炭素被膜型で誤差5％の抵抗を使っています．

▶コンデンサ

　1000pF未満はディスク型セラミック・コンデンサ，1000pF以上はマイラ・コンデンサ，電源に入れた0.1μFは積層セラミック・コンデンサです．電解コンデンサは一般品です．無極性電解コンデンサの入手が難しい場合は，2倍容量の電解コンデンサを逆極性直列接続して代用します．

　$1/2V_{cc}$電源や基準電源をOPアンプで作っている回路では，メーカの実用回路を参考に出力にコンデンサを付けています．もし

気になることがあれば，コンデンサを省略してください．

● 比較的汎用性のある半導体

▶ 2SC1815/2SA1015（東芝）

すでに生産を終了していますが，在庫品やセカンド・ソースが容易に入手できます．これに限らず，小信号シリコン・トランジスタでもよいでしょう．

▶ 1S1588（東芝）

小信号用汎用シリコン・ダイオードなら品種は問いません．

▶ ゲルマニウム・ダイオード

ビンテージ品がネットで見つかるかもしれません．秋月電子通商で 1N60 が見つかります．形状からは後年のものと思います．

▶ ゲルマニウム・トランジスタ

廃品種ばかりで品種指定は困難です．小信号低周波増幅用をネット・ショッピングやネット・オークションで探せると思います．

▶ 2SK30A（東芝）

JFET です．音質的にも好ましく，可変素子としても変化が比較的穏やかで変化範囲が広いのでよく使われてきました．廃品種ですが，通販ショップによっては扱っています．電子スイッチとして使う場合は 2SK369（東芝）などの JFET に置き換えられます．

可変素子的に使っている場所では，2SK208（東芝）が代替品として使えます．ただし表面実装部品なので，変換基板を使ってリード部品にします．アナログ可変デバイスとしては，Y ランクより GR ランクのほうが変化は穏やかで可変範囲が広いので，効果がかかりやすくなります．

▶ NJM4558DD（新日本無線）

4558 タイプの OP アンプであれば使用可能です．

▶ NJM082D（新日本無線）

FET 入力 OP アンプです．NJM072（新日本無線）も使用できます．

▶ TL092CP（T.I）

　入力電圧範囲が改善（特に下側，片電源で有利）されたFET入力OPアンプです．

▶ NJM13700D（新日本無線）

　2個入りのトランス・コンダクタンス・アンプLM13700（T.I）のセカンド・ソースで秋月電子通商で入手できます．

▶ フォトカプラLCR0203（Nanyang Senba Optical & Electronic）

　アナログ・タイプで可変範囲が広く変化が穏やかなものが向いています．秋月電子通商で入手できます．

● 専用IC その他

▶ BBD V3207専用ドライバV3102（COOLAUDIO）

　BBDは生産中止のため入手の難しかったデバイスです．コーラス・エフェクタの製作では，このデバイスの使用は禁じ手であったほどです．しかし今ではセカンド・ソースがあり，品種は多くないものの入手は容易になっています．

　汎用性の高いV3207や専用ドライバV3102だけでなく，V3208やV3205といった段数の多いセカンド・ソースも出てきているので，コーラス効果からさらにショート～ミドル・ディレイ効果をBBDで得ることが可能です．秋月電子通商で取り扱いがあります．

▶ エコー・ディレイIC PT2399（Princeton Technology），

直熱型双三極管Nutube 6P1（コルグ）

　以前より取り扱い店が増えています．秋月電子通商，共立エレショップなどで入手できます．

▶ スプリング・リバーブ・ユニットBTDR-3（BELTON Engineering）

　インターネットで検索すると，取り扱いのある楽器オーディオ系電子部品通販店が見つかります．

▶ LEDレベル・メータIC

　本文の代替品ほか，通販のキットなどもあります．

● 回路図では指定記載していない部品

▶電源用IC

3端子レギュレータで，正電源は78LXXか78XX，負電源は79LXXか79XXです．メーカは問いません．ピン配置，入力電圧，絶縁の有無などに注意が必要です．XXは出力電圧を示します（例7805は出力5V）．Lは100mA，Mは500mA，なしが1Aです．降下電圧，ヒートシンクの容量なども選択に関係します．

▶ブリッジ・ダイオード

メーカや品番は問いません．200V 1.5A以上のものが入手しやすいです．単体の整流ダイオードで組む方法もあります．

▶整流ダイオード1N4001

メーカは問いません．整流だけでなく，電源逆接対策の保護にも利用します．

▶LED

表示で使用時，高輝度タイプでは電流制限抵抗を回路図より大きくすることもできます．ひずみ素子に使うと有効で，同じ赤LEDでも特性で音がかなり違うので，選ぶ面白さがあるでしょう．飽和すると点灯することを利用し，パネルに出してひずみ表示にするとアピールになります．

● ギター・エフェクタ系電気機構部品

▶ジャック

φ6.3mmの標準タイプで，入力はモノラルのスイッチ付き，出力はステレオ・タイプを習慣的に使っています．ねじ部に当たるグラウンド側には，取り付けでケースに接触しない絶縁型と，非絶縁型があるので適宜使い分け，ねじ部の長さも合わせて選定時に注意が必要です．新規採用時は端子接続確認を実物・図面で行います．

▶ボリューム

φ16mmの安価なものを利用しています．本番機の使いやすさ

を考えると，変化カーブなどの指定も必要と思いますが，入手性から指定しないところも多くあります．その場合，音量系はＡカーブ，周波数などはＣカーブ，そのほかはＢカーブが使われることが多いと思います．

▶スイッチ

コンパクト・エフェクタでおなじみのフット・スイッチは1-1項の図8(p.18)で説明しています．各種の切り替えにはトグル・スイッチ，接点(ポジション)や回路が複数になるところではロータリ・スイッチを使用します．

▶DCジャック，電池スナップ

電池と外部電源を切り替えて使うなら，スイッチ付きのDCジャックを選びます．9Vの006P電池を使う場合の電池スナップは，なるべく上質のものを選びます．

▶ツマミ，ケース

デザインも大事ですが，強度や扱いやすさ，大きさなどの使い勝手も重要なポイントになります．楽器系の部品通販店では有料でケース加工を行ってくれるところもあります．

● **廃品種部品入手先の例(2020年1月時点)**

▶ゲルマニウム・ダイオード1N60，2SK30代替品(2SK208)
　秋月電子通商　http://akizukidenshi.com/catalog/

▶µPC1571C(NEC)/MN3206(Panasonic)
　ギンガ・ドロップス　http://gingadrops.jp/

▶M50197P(三菱電機)
　共立エレショップ　https://eleshop.jp/

▶6286/6418(RAYTHEON)電池管
　プロコムパーツドットコム　http://procom-parts.com/

▶ゲルマニウム・トランジスタ各種
　若松通商　https://wakamatsu.co.jp/waka/

さくいん

【アルファベット】

BBD ················ 73, 81, 84

CdS フォトカプラ
················ 209, 238, 250

VCA ·········· 198, 212, 218, 227

VCF ················ 240, 248, 251

VCO ························· 87

【あ行】

エクスパンダ ················ 197

オールパス・フィルタ ······ 97

【か行】

回転スピーカ ················ 71

可変アッテネータ ·········· 197

可変ゲイン・アンプ ······· 198

可変ゲイン回路 ·············· 220

可変コンダクタンス・アンプ
························· 99, 198, 212

コーラス効果 ················ 80

【さ行】

サブミニチュア管 ············ 59

シェルビング・タイプ ····· 147

シミュレーテッド・
インダクタ ··········· 126, 130

状態変数型フィルタ
································ 136, 249

ステート・バリアブル型
フィルタ ······················ 249

スプリング・リバーブ ····· 183

【た行】

ダイオード・クリッパ
························· 28, 45

ディエッサ ················ 224

ディエンファシス ············ 142

ディレイIC ················ 160

電圧制御フィルタ ············ 240

トランス・コンダクタ・
アンプ …………………… 251

【な行】

ノイズ・ゲート ……………… 197

【は行】

ひずみ素子 ……………………… 9
ひずみ率 ……………………… 220
ビブラート効果 ……………… 80
フォルマント ………………… 256

プリエンファシス ………… 142

【ま行】

マイクロフォニック・ノイズ
……………………………… 70
無バイアス回路 ……………… 39

【ら行】

リバーブ効果 ………………… 81
ロータリ・エフェクト …… 95
ロータリ・スピーカ ……… 95

著者略歴

富澤 瑞夫(とみざわ みずお)
1954年 神奈川県生まれ
1978年 武蔵工大 電子通信科卒 音響専攻
　同年 パイオニア(株)入社 音響機器量産設計
1981年 日本ビクター(株) 楽器技術部
1987年 ローランド(株) 電子楽器/映像機器 開発プロモーション
2014年 同社退職
2015年〜 月刊「トランジスタ技術」誌(CQ出版社)にて電子楽器/エフェクタ関連の
特集連載を執筆

日本音響学会正会員
Webサイト「60年代 懐かしの宝箱」
http://mtomisan.my.coocan.jp/

●**本書記載の社名，製品名について** ― 本書に記載されている社名および製品名は，一般に開発メーカーの登録商標または商標です．なお，本文中では™，®，©の各表示を明記していません．
●**本書掲載記事の利用についてのご注意** ― 本書掲載記事は著作権法により保護され，また産業財産権が確立されている場合があります．したがって，記事として掲載された技術情報をもとに製品化をするには，著作権者および産業財産権者の許可が必要です．また，掲載された技術情報を利用することにより発生した損害などに関して，CQ出版社および著作権者ならびに産業財産権者は責任を負いかねますのでご了承ください．
●**本書に関するご質問について** ― 文章，数式などの記述上の不明点についてのご質問は，必ず往復はがきか返信用封筒を同封した封書でお願いいたします．ご質問は著者に回送し直接回答していただきますので，多少時間がかかります．また，本書の記載範囲を越えるご質問には応じられませんので，ご了承ください．
●**本書の複製等について** ― 本書のコピー，スキャン，デジタル化等の無断複製は著作権法上での例外を除き禁じられています．本書を代行業者等の第三者に依頼してスキャンやデジタル化することは，たとえ個人や家庭内の利用でも認められておりません．

JCOPY〈出版者著作権管理機構 委託出版物〉
本書の全部または一部を無断で複写複製（コピー）することは，著作権法上での例外を除き，禁じられています．
本書からの複製を希望される場合は，出版者著作権管理機構（TEL：03-5244-5088）にご連絡ください．

CQ文庫シリーズ
真空管ディストーションからリバーブ/コーラスまで
Rock音! アナログ系ギター・エフェクタ製作集

2020年4月15日 初版発行   © 富澤 瑞夫 2020

著 者 富澤 瑞夫
発行人 寺前 裕司
発行所 CQ出版株式会社
東京都文京区千石4-29-14（〒112-8619）
電話 出版 03-5395-2123
　　　販売 03-5395-2141

編集担当 沖田 康紀
イラスト 神崎 真理子
カバー・表紙 株式会社ナカヤデザイン
DTP 美研プリンティング株式会社
印刷・製本 三共グラフィック株式会社
乱丁・落丁本はお面倒でも小社宛お送りください．送料小社負担にてお取り替えいたします．
定価はカバーに表示してあります．
ISBN978-4-7898-5030-8
Printed in Japan